海南省生态环境统计年报数据汇编

（2011—2020）

海南省生态环境监测中心　编

中国环境出版集团・北京

图书在版编目（CIP）数据

海南省生态环境统计年报数据汇编 ： 2011—2020 / 海南省生态环境监测中心编. - - 北京 ： 中国环境出版集团，2024. 10. - - ISBN 978-7-5111-5998-4

Ⅰ. X508.266-54

中国国家版本馆 CIP 数据核字第 2024QN9437 号

责任编辑 孟亚莉
封面设计 岳　帅

出版发行 中国环境出版集团
（100062　北京市东城区广渠门内大街 16 号）
网　　址：http://www.cesp.com.cn
电子邮箱：bjgl@cesp.com.cn
联系电话：010-67112765（编辑管理部）
发行热线：010-67125803，010-67113405（传真）

印　　刷 北京中科印刷有限公司
经　　销 各地新华书店
版　　次 2024 年 10 月第 1 版
印　　次 2024 年 10 月第 1 次印刷
开　　本 880×1230　1/16
印　　张 12.25
字　　数 320 千字
定　　价 75.00 元

编 委 会

资料提供单位

海口市生态环境局

三亚市生态环境局

三沙市生态环境局

儋州市生态环境局

洋浦经济开发区生态环境局

文昌市生态环境局

琼海市生态环境局

万宁市生态环境局

东方市生态环境局

五指山市生态环境局

澄迈县生态环境局

定安县生态环境局

屯昌县生态环境局

临高县生态环境局

昌江黎族自治县生态环境局

乐东黎族自治县生态环境局

陵水黎族自治县生态环境局

白沙黎族自治县生态环境局

保亭黎族苗族自治县生态环境局

琼中黎族苗族自治县生态环境局

前　言

环境统计是生态环境保护的一项基础性工作，为表征污染物排放水平、污染源发展演变趋势、环境保护投资结构和环境管理能力提升提供直观依据，为正确认识环境与经济的辩证关系、制定科学有效的环境政策、切实加强环境监督管理提供重要的数据支撑。《海南省生态环境统计年报数据汇编（2011—2020）》是为适应海南省环境管理决策和科学研究的定量化需求、满足环境信息公开的要求，由2011—2020年《海南省环境统计年报》中环境统计数据汇编而成。

我国环境统计最早始于20世纪70年代，经过40多年的发展，经历了四个阶段，即1979—1990年环境统计报表制度的初步建立、1991—2000年环境统计管理制度的加强、2001—2005年环境统计制度的改进和完善，以及2006年至今环境统计制度的全面提升。环境统计在统计范围、统计口径、统计方法等方面得到不断改进和完善。海南省的环境统计是在国家生态环境主管部门的统一领导、统一部署和技术指导下完成的，获取的每一个环境统计数据均经过国家审核并认可。

本书编录的环境统计数据来源于生态环境统计业务系统，主要包括：2011—2020年《海南省环境统计年报》中全省及各市（县）废水、废气主要污染物排放总量，重点调查工业企业及集中式污染治理设施等污染治理情况，工业源、农业源、生活源、集中式污染治理设施及移动源5类源废水、废气主要污染物排放量，以及一般工业固体废物和危险废物产生、利用和处置情况等。其中，2016年、2018年、2019年数据是根据生态环境部办公厅《关于开展2016—2019年污染源统计数据更新工作的通知》（环办便函〔2020〕329 号）有关要求，对生态环境统计业务系统中年报数据进行更新的，2017 年是第二次全国污染源普查数据。在汇编数据中，“/”表示无此项指标；“…”表示由于数据太小，经修约后数据仍小于保留的最小位数而无法显示；部分数据合计因小数位取舍不同而产生的计算误差，均未做调整。

本书既可供省、市、县（区）等各级生态环境保护管理者和科学研究人员、生态环境教育工作者，以及关心生态环境保护工作的各界人士阅读和参考，也可供图书馆、信息部门等收藏使用。

本书涉及面广、时间跨度大、数据量大，如有疏漏和不妥之处，恳请广大读者批评指正。

目　录

1　废水篇

2 废气篇

1

废水篇

1.1 废水及废水主要污染物排放总量

废水排放总量

单位：万 t

行政区划名称	2011 年	2012 年	2013 年	2014 年	2015 年	2016 年	2017 年	2018 年	2019 年	2020 年
海南省	**35725.153**	**37103.313**	**36156.045**	**39351.071**	**39123.489**	**30176.267**	**41244.070**	**35205.251**	**45799.091**	**53185.729**
海口市	11910.609	11520.963	11944.825	12452.428	13114.335	10904.509	15831.460	12891.802	17589.366	18093.398
三亚市	2989.733	5236.733	4612.446	5927.882	6306.119	4539.526	6426.719	5340.876	8082.643	7423.692
三沙市	/	2.037	2.037	2.037	2.037	4.249	12.635	13.346	19.290	/
儋州市	2378.951	2037.942	2015.646	1948.444	1935.498	1610.530	2007.040	1764.641	1890.644	2973.544
洋浦经济开发区	3219.688	3178.571	3348.136	3655.062	3806.753	3417.473	3646.511	3925.982	4155.403	5081.300
五指山市	347.869	344.601	288.231	427.956	372.640	331.939	516.413	393.501	503.505	528.962
琼海市	1371.224	1272.372	1300.415	1678.310	1414.105	1321.243	1974.700	1553.321	1834.306	2009.403
文昌市	1787.756	1846.180	1802.465	1857.330	1288.141	978.096	1303.385	1073.578	1509.594	1785.556
万宁市	1409.735	1405.066	1473.569	1520.502	1636.668	562.001	644.993	750.399	1076.228	1099.383
东方市	1318.829	1202.268	1403.099	1219.285	1144.220	1153.987	1558.167	1335.477	1531.436	1589.356
定安县	780.340	799.096	737.431	793.099	729.917	508.880	732.120	604.454	734.094	1531.982
屯昌县	589.336	606.068	629.486	646.712	663.909	522.929	811.203	643.723	774.916	764.101
澄迈县	1627.607	1857.364	1341.011	1537.709	1524.272	977.824	893.454	802.632	1111.289	1319.019
临高县	2003.201	1945.328	1517.538	1610.770	1489.425	907.320	1194.397	1050.919	1136.317	1712.985
白沙黎族自治县	379.926	424.342	510.696	509.413	470.469	138.046	278.899	188.375	211.087	599.512
昌江黎族自治县	1402.887	1426.328	1362.265	1738.977	1452.072	664.689	911.934	869.380	1144.375	1979.510
乐东黎族自治县	838.218	1028.645	898.826	787.645	797.413	372.142	531.019	437.020	706.867	1720.964
陵水黎族自治县	761.080	367.396	359.205	407.262	447.396	678.825	1079.284	868.954	1005.789	879.478
保亭黎族苗族自治县	259.215	231.660	241.648	251.464	236.886	219.631	302.529	252.988	299.223	1546.613
琼中黎族苗族自治县	348.949	370.353	367.072	378.784	291.214	362.429	587.211	443.883	482.721	548.494

注：①2011—2015 年废水排放总量统计范围：重点与非重点调查工业源污染排放情况、城镇生活源污染排放情况、生活垃圾处理厂（场）污染排放情况。

②2016—2019 年废水排放总量统计范围：重点调查工业源污染排放情况、城镇生活源污染排放情况。

③2020 年废水排放总量统计范围：重点调查工业源污染排放情况、城镇及农村生活源污染排放情况、生活垃圾处理厂（场）污染排放情况。

化学需氧量排放总量

单位：t

行政区划名称	2011 年	2012 年	2013 年	2014 年	2015 年	2016 年	2017 年	2018 年	2019 年	2020 年
海南省	**199918.259**	**197355.336**	**194379.576**	**196000.881**	**187938.455**	**49033.796**	**51538.609**	**49506.642**	**44884.960**	**172783.434**
海口市	18870.750	16871.676	18298.693	18827.427	17004.055	10886.835	12075.368	10937.433	8724.523	11640.965
三亚市	11705.510	11742.800	11573.562	10548.984	8668.659	2736.057	3613.083	1566.066	1393.213	14349.575
三沙市	/	9.167	9.167	9.167	9.167	5.696	5.987	0.990	2.634	24.730
儋州市	30616.380	27207.297	27031.430	27287.400	25487.418	2875.018	2816.912	3078.014	3396.680	6899.921
洋浦经济开发区	6337.584	6408.302	6476.061	6718.200	4908.365	2347.040	2539.070	2797.317	2451.738	4680.047
五指山市	2560.302	2177.559	2362.612	2456.460	2408.441	1038.837	1187.126	1111.914	939.514	1092.872
琼海市	14647.638	14900.927	14935.858	14964.009	15092.138	5151.073	5038.694	5126.167	4452.615	5302.833
文昌市	24473.132	26608.346	23382.880	23284.070	22641.800	3285.286	3404.722	3278.051	3293.027	4043.303
万宁市	11363.620	10952.407	10515.667	11695.847	11042.847	2155.844	1605.682	1706.602	1494.983	3502.290
东方市	9502.340	9712.719	9368.690	9384.070	9773.559	2502.978	2705.923	2682.876	2282.099	2129.129
定安县	9453.580	9786.160	10048.611	9935.900	10095.146	1362.925	1357.178	1379.632	1170.527	4639.972
屯昌县	6360.602	6547.419	6824.690	6732.626	6552.700	1895.524	2091.772	2019.952	1908.200	2273.030
澄迈县	11700.240	12574.869	11080.090	11780.040	12422.578	3027.334	2659.639	2993.890	2349.955	2199.042
临高县	8689.075	8243.993	8640.509	8525.815	8254.620	2362.188	2552.678	2669.119	2562.131	4914.940
白沙黎族自治县	4650.470	4291.972	4377.110	4312.960	4268.354	619.490	691.897	738.527	758.955	1463.248
昌江黎族自治县	6769.000	6768.101	6453.335	6201.941	6465.320	1466.940	1543.430	1606.481	1851.185	4546.199
乐东黎族自治县	8605.640	8364.013	8700.746	8977.316	8664.190	1228.315	1266.145	1379.740	1466.909	5923.659
陵水黎族自治县	5781.929	6007.361	6219.539	6322.140	6090.307	2193.417	2278.507	2414.159	2431.386	2604.605
保亭黎族苗族自治县	4568.091	5074.048	4716.166	4842.808	4647.199	686.810	653.073	710.551	721.332	4294.670
琼中黎族苗族自治县	3262.376	3106.200	3364.160	3193.700	3441.592	1206.190	1451.723	1309.161	1233.352	1393.214

注：①2011—2015 年化学需氧量排放总量统计范围：重点与非重点调查工业源污染排放情况、城镇生活源污染排放情况、生活垃圾处理厂（场）污染排放情况、农业源污染排放情况（农业污染物排放/流失量合计）。

②2016—2019 年化学需氧量排放总量统计范围：重点调查工业源污染排放情况、城镇生活源污染排放情况、生活垃圾处理厂（场）污染排放情况、农业源大型畜禽养殖场污染排放情况。

③2020 年化学需氧量排放总量统计范围：重点与非重点调查工业源污染排放情况，城镇及农村生活源污染排放情况，生活垃圾处理厂（场）污染排放情况，农业源畜禽养殖业、水产养殖业污染排放情况。

氨氮排放总量

单位：t

行政区划名称	2011 年	2012 年	2013 年	2014 年	2015 年	2016 年	2017 年	2018 年	2019 年	2020 年
海南省	**22744.148**	**22482.541**	**22627.092**	**22927.079**	**21027.593**	**5706.512**	**5501.637**	**4970.853**	**4745.045**	**8133.554**
海口市	4594.300	4574.888	4921.525	4799.088	3953.609	1852.010	1837.950	1215.629	1180.965	593.052
三亚市	1651.520	1508.209	1695.748	1452.181	1036.925	520.845	593.332	232.280	215.225	557.772
三沙市	/	0.917	0.917	0.917	0.917	0.506	0.440	0.468	0.049	1.400
儋州市	2799.349	2912.381	2555.840	2669.500	2470.014	357.034	309.001	402.653	405.005	612.046
洋浦经济开发区	662.562	676.638	672.339	741.023	391.934	84.958	74.056	74.663	35.357	170.222
五指山市	250.254	175.371	236.082	256.489	233.828	89.908	91.899	90.658	83.892	111.378
琼海市	1386.771	1328.665	1354.091	1401.129	1374.398	415.862	459.875	431.021	417.969	408.435
文昌市	1976.150	1892.572	1797.350	1784.130	1773.940	305.615	287.357	333.100	349.821	334.518
万宁市	1339.023	1299.829	1198.790	1342.175	1340.995	182.089	151.098	206.173	216.590	306.749
东方市	913.405	902.510	935.180	945.315	945.688	206.012	202.279	234.211	229.751	196.431
定安县	802.184	810.603	864.199	859.728	874.486	157.276	138.434	157.724	164.569	431.359
屯昌县	652.104	638.617	650.480	658.860	663.401	185.007	186.008	183.943	182.495	175.613
澄迈县	1236.570	1239.375	1200.191	1269.905	1237.791	406.306	302.168	383.331	236.919	247.829
临高县	1155.720	1139.864	1172.654	1207.314	1208.825	230.096	220.070	256.140	257.827	453.491
白沙黎族自治县	407.620	381.647	392.650	407.805	415.690	40.776	39.521	47.364	52.604	127.796
昌江黎族自治县	553.661	551.205	562.003	614.114	594.029	136.377	126.851	141.309	145.476	420.557
乐东黎族自治县	862.240	826.336	875.938	915.138	915.370	127.325	112.253	149.916	152.439	556.308
陵水黎族自治县	684.720	770.111	713.441	734.402	755.968	196.524	162.409	214.968	209.812	220.165
保亭黎族苗族自治县	492.298	502.724	465.754	492.075	476.170	68.468	55.690	74.000	74.997	424.727
琼中黎族苗族自治县	323.697	350.078	361.920	375.792	363.615	143.519	150.960	141.302	133.283	147.826

注：①2011—2015 年氨氮排放总量统计范围：重点与非重点调查工业源污染排放情况、城镇生活源污染排放情况、生活垃圾处理厂（场）污染排放情况、农业源污染排放情况（农业污染物排放/流失量合计）。

②2016—2019 年氨氮排放总量统计范围：重点调查工业源污染排放情况、城镇生活源污染排放情况、生活垃圾处理厂（场）污染排放情况、农业源大型畜禽养殖场污染排放情况。

③2020 年氨氮排放总量统计范围：重点与非重点调查工业源污染排放情况，城镇及农村生活源污染排放情况，生活垃圾处理厂（场）污染排放情况，农业源畜禽养殖业、水产养殖业、种植业污染排放情况。

总氮排放总量

单位：t

行政区划名称	2011 年	2012 年	2013 年	2014 年	2015 年	2016 年	2017 年	2018 年	2019 年	2020 年
海南省	**38619.027**	**41154.346**	**30646.494**	**40853.956**	**57174.103**	**10467.898**	**10398.874**	**9271.566**	**9475.994**	**30830.923**
海口市	5039.881	5109.423	4646.163	4874.201	11176.372	4078.069	4433.040	3155.664	3207.110	2684.842
三亚市	2401.471	818.775	572.050	1726.484	2719.515	939.532	1109.589	609.720	526.529	1824.932
三沙市	/	0	0	0	1.416	1.089	1.253	0.835	0.315	1.610
儋州市	2864.867	2888.262	3051.265	5378.705	6653.942	372.567	322.007	364.192	399.013	1127.106
洋浦经济开发区	0	0	0	0	558.303	221.251	143.974	187.528	157.821	454.497
五指山市	249.790	227.944	303.374	300.226	527.893	129.889	137.841	115.740	126.788	198.191
琼海市	3169.656	3050.163	3055.647	3068.179	4333.451	605.771	650.872	579.843	588.496	776.063
文昌市	4238.223	13520.688	3462.953	4167.768	4605.331	441.501	436.206	494.508	562.896	673.014
万宁市	2276.473	2225.237	2211.038	2343.235	3200.714	215.033	206.245	285.004	304.283	558.070
东方市	2012.754	1872.791	2061.713	1900.054	2557.945	402.009	460.801	508.075	509.303	476.459
定安县	2106.405	1336.150	1349.467	2261.168	2685.187	225.427	218.671	245.426	261.055	682.056
屯昌县	1411.557	1370.366	1306.748	1371.553	1831.707	263.835	273.273	281.411	301.902	334.755
澄迈县	2696.397	995.609	1014.056	2619.243	3942.336	1300.682	753.009	954.288	931.058	466.416
临高县	3537.653	545.751	529.970	2381.104	3010.769	302.592	308.748	352.884	392.480	749.405
白沙黎族自治县	1088.045	458.676	452.668	1323.995	745.029	63.963	62.644	74.194	82.529	232.436
昌江黎族自治县	1367.474	1400.877	1422.385	1417.730	1769.481	229.499	205.329	262.129	245.488	685.675
乐东黎族自治县	2159.322	2220.039	2079.083	2074.879	2465.969	172.733	169.308	220.277	253.873	900.825
陵水黎族自治县	1027.727	1186.890	1186.890	1251.141	1669.419	225.383	214.349	286.977	316.267	407.826
保亭黎族苗族自治县	770.689	710.137	716.889	1211.712	1295.559	83.782	84.975	106.579	114.029	634.388
琼中黎族苗族自治县	200.643	1216.569	1224.137	1182.582	1423.767	193.289	206.750	186.290	194.758	246.497

注：①2011—2014 年总氮排放总量统计范围：农业源污染排放情况（农业污染物排放/流失量合计）。

②2015 年总氮排放总量统计范围：重点调查工业源污染排放情况、城镇生活源污染排放情况、农业源污染排放情况。

③2016—2019 年总氮排放总量统计范围：重点调查工业源污染排放情况、城镇生活源污染排放情况、生活垃圾处理厂（场）污染排放情况、农业源大型畜禽养殖场污染排放情况。

④2020 年总氮排放总量统计范围：重点与非重点调查工业源污染排放情况，城镇及农村生活源污染排放情况，生活垃圾处理厂（场）污染排放情况，农业源畜禽养殖业、水产养殖业、种植业污染排放情况。

总磷排放总量

单位：t

行政区划名称	2011 年	2012 年	2013 年	2014 年	2015 年	2016 年	2017 年	2018 年	2019 年	2020 年
海南省	**5814.791**	**5224.845**	**4045.729**	**5170.322**	**6020.778**	**757.808**	**698.599**	**620.192**	**676.805**	**3974.651**
海口市	655.428	731.822	630.008	647.757	1138.644	208.425	201.204	165.508	180.129	135.022
三亚市	337.549	97.936	65.458	200.593	282.931	30.844	75.502	52.029	50.763	190.823
三沙市	/	0	0	0	0.107	0.116	0.114	0.067	0.097	0.030
儋州市	403.335	418.819	442.617	656.939	648.177	33.571	25.176	24.294	27.730	78.193
洋浦经济开发区	0	1.460	0	0	30.100	14.599	3.535	4.150	4.932	23.600
五指山市	29.558	27.639	37.821	37.305	55.367	18.566	17.040	15.545	8.920	13.974
琼海市	501.079	471.604	474.591	481.019	467.214	42.619	76.655	73.199	73.288	69.996
文昌市	710.010	1738.284	589.535	690.209	620.798	69.853	50.086	47.620	51.826	46.781
万宁市	276.131	274.151	271.789	291.546	349.509	25.470	24.947	23.514	25.914	52.554
东方市	200.627	179.775	254.602	184.109	248.548	41.522	40.677	33.177	36.039	20.480
定安县	244.246	161.370	162.901	275.980	297.555	15.474	10.920	11.193	13.186	56.395
屯昌县	154.793	154.920	145.158	157.129	189.444	33.371	30.915	27.855	28.823	15.939
澄迈县	351.186	127.966	132.535	345.190	425.295	77.291	17.983	17.617	21.105	26.936
临高县	356.055	76.837	74.757	292.967	341.915	41.991	36.241	33.852	36.771	65.053
白沙黎族自治县	121.749	56.249	61.295	141.920	66.033	7.943	6.595	8.602	9.763	20.366
昌江黎族自治县	113.552	125.006	128.349	129.069	154.717	25.219	22.338	22.591	25.181	64.217
乐东黎族自治县	212.530	220.918	207.630	207.345	250.236	21.660	16.760	17.727	20.833	77.473
陵水黎族自治县	126.971	148.983	149.033	159.623	175.029	16.640	10.497	13.950	32.140	31.736
保亭黎族苗族自治县	84.652	84.772	90.456	144.507	145.565	12.107	10.223	9.788	10.728	61.734
琼中黎族苗族自治县	934.740	126.334	127.195	127.117	133.594	20.525	21.189	17.914	18.639	15.119

注：①2011—2014 年总磷排放总量统计范围：农业源污染排放情况（农业污染物排放/流失量合计）、生活垃圾处理厂（场）污染排放情况。

②2015 年总磷排放总量统计范围：重点调查工业源污染排放情况、城镇生活源污染排放情况、农业源污染排放情况、生活垃圾处理厂（场）污染排放情况。

③2016—2019 年总磷排放总量统计范围：重点调查工业源污染排放情况、城镇生活源污染排放情况、生活垃圾处理厂（场）污染排放情况、农业源大型畜禽养殖场污染排放情况。

④2020 年总磷排放总量统计范围：重点与非重点调查工业源污染排放情况，城镇及农村生活源污染排放情况，生活垃圾处理厂（场）污染排放情况，农业源畜禽养殖业、水产养殖业、种植业污染排放情况。

石油类排放总量

单位：t

行政区划名称	2011 年	2012 年	2013 年	2014 年	2015 年	2016 年	2017 年	2018 年	2019 年	2020 年
海南省	**4.567**	**4.152**	**8.658**	**47.253**	**48.143**	**6.588**	**11.326**	**16.742**	**10.110**	**0.839**
海口市	3.690	3.321	8.289	0.460	0.301	0.469	0.260	0.345	0.207	0.004
三亚市	0.040	0	0	0.007	0.022	0.006	0.030	0.040	0.024	0.001
三沙市	/	0	0	0	0	0	0	0	0	0
儋州市	0	0	0	0	0	0.001	0.002	0.003	0.002	0
洋浦经济开发区	0.197	0.647	0.134	0.212	1.867	0.388	0.994	2.826	1.152	0.147
五指山市	0	0	0	0	0	0.002	0	0.001	0.001	0
琼海市	0	0	0.087	0	0	0.024	0.040	0.131	0.189	0
文昌市	0	0	0	1.500	1.460	0.002	0	0.003	0.002	0.012
万宁市	0.011	0.010	0	0.001	0.001	0.014	0.010	0.008	0.004	0.010
东方市	0	0	0	1.117	0.123	0.006	0.010	0.038	0.770	0.571
定安县	0.241	0.001	0.001	0.001	0.001	0.019	0.030	0.047	0.028	0.001
屯昌县	0	0	0	0	0.025	0	0	0	0	0
澄迈县	0.238	0.001	0.003	0	0.127	1.715	3.800	4.222	2.251	0.002
临高县	0	0	0	0	0	0	0	0.001	0	0
白沙黎族自治县	0.010	0.020	0.001	0	0.054	0.003	0	0	0.002	0.001
昌江黎族自治县	0.080	0.082	0.083	43.954	44.162	3.901	6.070	8.977	5.421	0.090
乐东黎族自治县	0	0	0	0	0	0	0	0	0	0
陵水黎族自治县	0	0	0	0	0	0	0	0.004	0	0
保亭黎族苗族自治县	0	0	0	0	0	0	0	0.001	0.001	0
琼中黎族苗族自治县	0.060	0.070	0.060	0	0	0.037	0.060	0.094	0.057	0

注：①2011—2015 年石油类排放总量统计范围：重点调查工业源污染排放情况、生活垃圾处理厂（场）污染排放情况。

②2016—2019 年石油类排放总量统计范围：重点调查工业源污染排放情况。

③2020 年石油类排放总量统计范围：重点调查工业源污染排放情况。

挥发酚排放总量

单位：kg

行政区划名称	2011 年	2012 年	2013 年	2014 年	2015 年	2016 年	2017 年	2018 年	2019 年	2020 年
海南省	**91.791**	**315.349**	**0.073**	**100.046**	**12.172**	**0**	**1760.406**	**2292.945**	**11610.319**	**305.192**
海口市	0	0	0	0	0	0	0	0	0.100	0
三亚市	0	0	0	0.001	10.931	0	0	0	0	0
三沙市	/	0	0	0	0	0	0	0	0	0
儋州市	0	0	0	0	0	0	0	0	0	0
洋浦经济开发区	61.720	283.987	0	0	0	0	1516.717	2119.452	11298.945	93.110
五指山市	0	0	0	0	0	0	0	0	0	0
琼海市	0	0	0	0	0	0	0	134.745	87.899	0
文昌市	0	0	0	100.000	1.080	0	0	0	0	0.009
万宁市	0.001	0.001	0	0.001	0.001	0	0	0	0	0
东方市	0	0	0	0	0	0	0	0.126	25.672	211.976
定安县	0	0	0.001	0.001	0.001	0	0	0	0	0
屯昌县	0	0	0	0	0.005	0	0	0	0	0
澄迈县	0.020	0	0	0	0.100	0	243.610	31.630	191.150	0.097
临高县	0	0	0	0	0	0	0	6.992	7	0
白沙黎族自治县	0.010	0.020	0.002	0.001	0.010	0	0	0	0	0
昌江黎族自治县	0.030	0.030	0.030	0.030	0.030	0	0	0	0	0
乐东黎族自治县	0.010	0.011	0.010	0.012	0.014	0	0	0	0	0
陵水黎族自治县	0	0	0	0	0	0	0	0	0	0
保亭黎族苗族自治县	0	0	0	0	0	0	0	0	0	0
琼中黎族苗族自治县	30.000	31.300	0.030	0	0	0	0	0	0	0

注：①2011—2015 年挥发酚排放总量统计范围：重点调查工业源污染排放情况、生活垃圾处理厂（场）污染排放情况。

②2016—2019 年挥发酚排放总量统计范围：重点调查工业源污染排放情况。

③2020 年挥发酚排放总量统计范围：重点调查工业源污染排放情况。

氰化物排放总量

单位：kg

行政区划名称	2011 年	2012 年	2013 年	2014 年	2015 年	2016 年	2017 年	2018 年	2019 年	2020 年
海南省	**37.155**	**9.697**	**2.118**	**1.317**	**1.238**	**0**	**2.851**	**0**	**0**	**33.058**
海口市	15.480	0	0	0	0	0	0.004	0	0	0
三亚市	0.090	0	0	0	0	0	0	0	0	0
三沙市	/	0	0	0	0	0	0	0	0	0
儋州市	19.000	0	0	0	0	0	0	0	0	0
洋浦经济开发区	0	7.290	0	0	0	0	0.785	0	0	33.058
五指山市	0	0	0	0	0	0	0	0	0	0
琼海市	0	0	0	0	0	0	0	0	0	0
文昌市	0	0	0	0	0	0	0	0	0	0
万宁市	0.010	0.010	0	0	0	0	0	0	0	0
东方市	0.010	0	0	0	0	0	0.694	0	0	0
定安县	0.027	0.027	0.027	0.027	0.027	0	0	0	0	0
屯昌县	0.010	0.010	0.100	0	0.001	0	0	0	0	0
澄迈县	0.088	0	0	0	…	0	1.369	0	0	0
临高县	0	0	0	0	0	0	0	0	0	0
白沙黎族自治县	0.160	0.160	0.001	0	0	0	0	0	0	0
昌江黎族自治县	0.980	0.980	0.980	0.980	0.980	0	0	0	0	0
乐东黎族自治县	0.420	0.400	0.230	0.310	0.230	0	0	0	0	0
陵水黎族自治县	0.100	0	0	0	0	0	0	0	0	0
保亭黎族苗族自治县	0	0	0	0	0	0	0	0	0	0
琼中黎族苗族自治县	0.780	0.820	0.780	0	0	0	0	0	0	0

注：①2011—2015 年氰化物排放总量统计范围：重点调查工业源污染排放情况、生活垃圾处理厂（场）污染排放情况。

②2016—2019 年氰化物排放总量统计范围：重点调查工业源污染排放情况。

③2020 年氰化物排放总量统计范围：重点调查工业源污染排放情况。

总砷排放总量

单位：kg

行政区划名称	2011 年	2012 年	2013 年	2014 年	2015 年	2016 年	2017 年	2018 年	2019 年	2020 年
海南省	**28.838**	**18.6374**	**2.1154**	**13.213**	**6.3113**	**4.142**	**1.819**	**3.737**	**5.151**	**10.615**
海口市	0.470	0.470	0	0	0	0	0.034	0	0	0.002
三亚市	0.180	0	0	0	0.055	0.415	0.330	1.752	1.762	0
三沙市	/	0	0	0	0	0.001	0	0.001	0.001	0
儋州市	0.020	0	0	0	0	0.058	0.029	0.043	0.049	0
洋浦经济开发区	0	3.240	0	0	0	0	0	0	0	0
五指山市	0	0	0	0	0	0	0	0.001	0.004	0
琼海市	0	0	0	0	0	0	0	0	0	0
文昌市	0.730	0.750	0.790	0.690	0	0.147	0.073	0.109	0.125	0
万宁市	0.020	0.020	0	0	0	0.315	0.156	0.233	0.267	0.741
东方市	0.027	0	0	0.140	1.095	0.004	0.065	0.003	0.004	0.618
定安县	0.029	0.029	0.029	0.029	0.029	0.409	0.168	0.289	1.623	0.127
屯昌县	0.020	0.020	0.020	0.020	0.020	0.393	0.194	0.290	0.333	0.682
澄迈县	0.222	0	0	0	…	1.177	0.121	0.176	0.202	0
临高县	0	0	0	0	0	0.142	0.070	0.105	0.120	1.081
白沙黎族自治县	0.070	0.090	0.002	0	0	0	0	0	0	0.793
昌江黎族自治县	26.390	13.357	0.752	12.159	4.939	0.086	0.082	0.035	0.125	5.538
乐东黎族自治县	0.290	0.291	0.172	0.175	0.167	0.477	0.144	0.286	0.196	0.863
陵水黎族自治县	0.020	0	0	0	0	0.364	0.180	0.161	0.147	0
保亭黎族苗族自治县	0	0	0	0	0	0.043	0.083	0.117	0.002	0.170
琼中黎族苗族自治县	0.350	0.370	0.350	0	0.006	0.111	0.091	0.136	0.190	0

注：2011—2020 年总砷排放总量统计范围：重点调查工业源污染排放情况、生活垃圾处理厂（场）污染排放情况。

总铅排放总量

单位：kg

行政区划名称	2011 年	2012 年	2013 年	2014 年	2015 年	2016 年	2017 年	2018 年	2019 年	2020 年
海南省	**32.509**	**15.810**	**5.910**	**2.506**	**3.607**	**83.075**	**32.658**	**90.810**	**93.337**	**10.205**
海口市	0.270	0.281	0	0	0	0	0	0	0	0
三亚市	0.530	0	0	0	1.093	1.454	0.207	2.073	2.493	0
三沙市	/	0	0	0	0	0.019	0.009	0.006	0.003	0
儋州市	0.070	0	0	0	0	0	0	0	0	0
洋浦经济开发区	0	8.910	0	0	0	0	0	0	0	0
五指山市	0	0	0	0	0	0.078	0.190	0.402	0.201	0
琼海市	0	0	0	0	0	0	0	0	0	0
文昌市	2.000	2.050	2.150	0.800	0	5.229	2.506	1.527	0.898	0
万宁市	0.060	0.060	0	0	0	0.464	0.222	0.136	0.080	1.140
东方市	0.081	0	0	0.031	0	0	0.027	0.184	0.338	0.047
定安县	0.094	0.094	0.094	0.094	0.094	0.926	0.240	0.173	0.150	0.507
屯昌县	0.062	0.062	0.062	0.062	0.062	0.579	0.277	0.169	0.099	0.974
澄迈县	1.312	0	0	0	0	34.400	17.090	10.417	6.124	0.011
临高县	0	0	0	0	0	0.209	0.100	0.061	0.036	2.162
白沙黎族自治县	0.200	0.270	0.010	0	0	…	0	…	…	1.221
昌江黎族自治县	26.220	2.483	2.344	1.209	2.018	38.111	11.073	34.946	59.428	2.792
乐东黎族自治县	0.610	0.600	0.300	0.310	0.320	1.032	0.208	40.355	21.519	1.351
陵水黎族自治县	0.050	0	0	0	0	0.089	0.260	0.210	1.884	0
保亭黎族苗族自治县	0	0	0	0	0	0.249	0.119	0.073	0.027	0
琼中黎族苗族自治县	0.950	1.000	0.950	0	0.020	0.235	0.130	0.079	0.058	0

注：2011—2020 年总铅排放总量统计范围：重点调查工业源污染排放情况、生活垃圾处理厂（场）污染排放情况。

总镉排放总量

单位：kg

行政区划名称	2011 年	2012 年	2013 年	2014 年	2015 年	2016 年	2017 年	2018 年	2019 年	2020 年
海南省	**6.168**	**4.562**	**1.820**	**0.490**	**1.298**	**36.604**	**1.978**	**6.372**	**19.313**	**4.320**
海口市	0.106	0.106	0	0	0	0	0.004	0.020	0.010	0
三亚市	0.040	0	0	0	0.011	15.381	0.015	0.873	5.953	0
三沙市	/	0	0	0	0	0.012	0.001	0.001	0.004	0
儋州市	0.010	0	0	0	0	0	0	0	0	0
洋浦经济开发区	0	2.430	0	0	0	0	0	0	0	0
五指山市	0	0	0	0	0	0.074	0.038	0.033	0.064	0
琼海市	0	0	0	0	0	0	0	0	0	0
文昌市	0.550	0.560	0.620	0.065	0	1.196	0.051	0.072	0.422	0
万宁市	0.010	0.010	0	0	0	1.042	0.045	0.063	0.367	0.513
东方市	0.005	0	0	0.009	0	0	0.001	0.005	0.003	0.001
定安县	0.005	0.005	0.005	0.005	0.005	0.457	0.048	0.083	0.272	1.583
屯昌县	0.004	0.004	0.004	0.001	0.001	1.299	0.056	0.078	0.458	0.195
澄迈县	0.087	0	0	0	0	10.785	0.755	1.063	6.228	0.104
临高县	0	0	0	0	0	0.468	0.020	0.028	0.165	0.721
白沙黎族自治县	0.050	0.090	0.001	0	0	…	0	…	…	0.549
昌江黎族自治县	4.848	0.885	0.820	0.300	1.170	3.872	0.806	2.744	1.959	0.057
乐东黎族自治县	0.190	0.192	0.110	0.110	0.110	0.865	0.040	1.187	0.594	0.597
陵水黎族自治县	0.003	0	0	0	0	0.202	0.050	0.051	2.109	0
保亭黎族苗族自治县	0	0	0	0	0	0.557	0.024	0.034	0.196	0
琼中黎族苗族自治县	0.260	0.280	0.260	0	0.001	0.394	0.026	0.036	0.508	0

注：2011—2020 年总镉排放总量统计范围：重点调查工业源污染排放情况、生活垃圾处理厂（场）污染排放情况。

总汞排放总量

单位：kg

行政区划名称	2011 年	2012 年	2013 年	2014 年	2015 年	2016 年	2017 年	2018 年	2019 年	2020 年
海南省	**0.387**	**0.962**	**0.355**	**3.678**	**0.258**	**0.113**	**0.097**	**0.183**	**0.046**	**0.258**
海口市	0.003	0.003	0	0	0	0	0.002	0	0	0.007
三亚市	0.004	0	0	0	0	0.001	0.011	0.088	0.011	0
三沙市	/	0	0	0	0	0	0	0	0	0
儋州市	0	0	0	0	0	0	0	0	0	0
洋浦经济开发区	0	0.567	0	0	0	0	0	0	0	0
五指山市	0	0	0	0	0	0	0	0	0	0
琼海市	0	0	0	0	0	0	0	0	0	0
文昌市	0.130	0.132	0.135	0.007	0	0.004	0.003	0.004	0.001	0
万宁市	0	0	0	0	0	0.011	0.009	0.012	0.003	0.034
东方市	0	0	0	0	0.094	0	0	0	0	0.001
定安县	0.054	0.054	0.054	0.054	0.054	…	0	0.001	0.005	0
屯昌县	0	0	0	0	0	0.014	0.011	0.015	0.003	0.039
澄迈县	0.011	0	0	0	0	0.041	0.026	0.031	0.007	0.004
临高县	0	0	0	0	0	0	0	0	0	0.072
白沙黎族自治县	0.010	0.020	0.001	0	0	0	0	0	0	0.037
昌江黎族自治县	0.080	0.080	0.080	3.590	0.080	0.006	0.005	0.006	0.001	0.001
乐东黎族自治县	0.035	0.036	0.025	0.027	0.030	0.018	0.012	0.012	…	0.063
陵水黎族自治县	0	0	0	0	0	0.012	0.010	0.008	0.013	0
保亭黎族苗族自治县	0	0	0	0	0	0.001	0.005	0.001	…	0
琼中黎族苗族自治县	0.060	0.070	0.060	0	0	0.006	0.005	0.007	0.001	0

注：2011—2020 年总汞排放总量统计范围：重点调查工业源污染排放情况、生活垃圾处理厂（场）污染排放情况。

总铬排放总量

单位：kg

行政区划名称	2011 年	2012 年	2013 年	2014 年	2015 年	2016 年	2017 年	2018 年	2019 年	2020 年
海南省	**137.602**	**136.055**	**123.487**	**101.039**	**42.376**	**41.185**	**25.886**	**20.493**	**26.085**	**39.359**
海口市	131.332	131.284	120.000	98.660	2.190	4.923	5.960	0	0	0
三亚市	0.440	0	0	0	3.270	10.518	4.819	5.361	2.093	0
三沙市	/	0	0	0	0	0.005	0.003	0.002	0.002	0
儋州市	0.060	0	0	0	0	0	0	0	0	0
洋浦经济开发区	0	0	0	0	0	0	0	0	0	0
五指山市	0	0	0	0	0	0.144	0.285	0.220	0.181	0.311
琼海市	0	0	0	0	0	0	0	0	0	0
文昌市	1.820	1.850	1.910	0.420	0	1.044	0.541	0.433	0.400	0
万宁市	0.050	0.050	0	0	0	0.644	0.334	0.267	0.247	2.280
东方市	0.068	0	0	0.271	0	0	0	0	0	0.032
定安县	0.078	0.078	0.078	0.078	0.078	1.074	0.360	0.531	0.512	1.836
屯昌县	0.051	0.051	0.051	0.050	0.050	0.804	0.416	0.333	0.308	1.462
澄迈县	1.093	0	0	0	0	12.034	7.073	5.660	5.235	0
临高县	0	0	0	0	0	0.290	0.150	0.120	0.111	3.603
白沙黎族自治县	0.180	0.160	0.006	0	0	…	0	…	…	2.441
昌江黎族自治县	1.110	1.100	1.100	1.210	35.535	5.988	4.871	6.834	7.273	24.394
乐东黎族自治县	0.460	0.582	0.342	0.350	0.320	0.742	0.313	0.235	7.217	3.000
陵水黎族自治县	0	0	0	0	0	0.754	0.390	0.198	2.234	0
保亭黎族苗族自治县	0	0	0	0	0.033	0.300	0.179	0.143	0.132	0
琼中黎族苗族自治县	0.860	0.900	0	0	0.900	1.921	0.194	0.156	0.140	0

注：2011—2020 年总铬排放总量统计范围：重点调查工业源污染排放情况、生活垃圾处理厂（场）污染排放情况。

六价铬排放总量

单位：kg

行政区划名称	2011 年	2012 年	2013 年	2014 年	2015 年	2016 年	2017 年	2018 年	2019 年	2020 年
海南省	**0.144**	**0.263**	**0.009**	**0.295**	**3.619**	**11.310**	**4.640**	**2.567**	**3.001**	**8.528**
海口市	0	0.003	0.003	0.004	0.730	9.100	1.507	1.576	1.613	0
三亚市	0.020	0	0	0	0	0.834	0.716	0.594	0.691	0
三沙市	/	0	0	0	0	0.001	0.001	…	…	0
儋州市	0	0	0	0	0	0	0	0	0	0
洋浦经济开发区	0	0	0	0	0	0	0	0	0	0
五指山市	0	0	0	0	0	0	0	0	0	0.041
琼海市	0	0	0	0	0	0	0	0	0	0
文昌市	0	0	0	0	0	0.111	0.172	0.037	0.042	0
万宁市	0	0	0	0	0	0.057	0.089	0.019	0.022	0.456
东方市	0	0	0	0.247	0	0.079	0.122	0.026	0.030	0.014
定安县	0	0	0	0	0	…	0	…	…	0.127
屯昌县	0	0	0	0	0	0.071	0.111	0.024	0.027	0.390
澄迈县	0	0	0	0	0	0.707	0.943	0.204	0.230	0
临高县	0	0	0	0	0	0.026	0.040	0.009	0.010	0.937
白沙黎族自治县	0.124	0.160	0.006	0	0	0.046	0.613	0.015	0.018	0.488
昌江黎族自治县	0	0	0	0.044	2.656	0.042	0.047	0.011	0.014	5.498
乐东黎族自治县	0	0.100	0	0	0	0.051	0.079	0.017	0.047	0.577
陵水黎族自治县	0	0	0	0	0	0.064	0.100	0.013	0.236	0
保亭黎族苗族自治县	0	0	0	0	0.033	0.093	0.048	0.010	0.012	0
琼中黎族苗族自治县	0	0	0	0	0.200	0.027	0.052	0.011	0.010	0

注：2011—2020 年六价铬排放总量统计范围：重点调查工业源污染排放情况、生活垃圾处理厂（场）污染排放情况。

1.2 重点调查工业企业废水污染排放及处理情况

重点调查工业企业数量

单位：家

行政区划名称	2011 年	2012 年	2013 年	2014 年	2015 年	2016 年	2017 年	2018 年	2019 年	2020 年
海南省	**483**	**460**	**458**	**496**	**528**	**514**	**519**	**507**	**666**	**617**
海口市	100	99	112	111	101	94	110	101	164	152
三亚市	24	24	26	23	23	15	14	15	47	45
三沙市	/	/	/	/	/	/	/	/	2	2
儋州市	38	34	37	39	35	30	36	36	37	37
洋浦经济开发区	9	10	10	12	14	14	13	13	12	13
五指山市	13	11	12	9	9	7	7	6	8	8
琼海市	33	33	33	39	42	42	39	39	38	36
文昌市	48	51	39	39	43	45	47	47	56	50
万宁市	42	38	37	37	37	29	30	29	36	17
东方市	23	22	22	26	26	13	15	14	18	17
定安县	26	19	18	17	24	23	24	23	30	30
屯昌县	9	8	8	9	10	8	5	7	6	7
澄迈县	29	26	21	44	59	100	86	82	93	94
临高县	19	20	19	19	19	17	19	18	21	19
白沙黎族自治县	11	10	11	15	22	18	14	17	23	21
昌江黎族自治县	17	18	19	17	17	16	17	19	29	27
乐东黎族自治县	9	9	9	11	19	19	19	19	20	18
陵水黎族自治县	5	2	1	3	4	4	5	5	5	5
保亭黎族苗族自治县	19	17	15	15	15	11	12	10	7	6
琼中黎族苗族自治县	9	9	9	11	9	9	7	7	14	13

工业企业废水治理设施数

单位：套

行政区划名称	2011 年	2012 年	2013 年	2014 年	2015 年	2016 年	2017 年	2018 年	2019 年	2020 年
海南省	**299**	**364**	**309**	**338**	**319**	**309**	**290**	**294**	**325**	**373**
海口市	57	66	62	59	57	60	62	61	82	90
三亚市	4	4	5	3	2	10	3	4	10	11
三沙市	/	/	/	/	/	/	/	/	2	0
儋州市	21	22	22	20	19	14	13	13	12	25
洋浦经济开发区	9	9	11	12	13	9	10	12	11	12
五指山市	6	5	8	6	6	5	3	3	5	6
琼海市	23	26	28	31	23	22	26	23	23	22
文昌市	0	0	0	0	1	35	38	39	41	36
万宁市	27	28	27	27	27	15	11	8	5	8
东方市	8	13	9	11	12	12	7	13	11	14
定安县	20	18	17	13	15	16	19	18	23	24
屯昌县	9	7	7	8	6	4	3	3	3	7
澄迈县	33	71	41	52	60	55	37	33	40	52
临高县	11	16	12	15	15	10	12	12	8	8
白沙黎族自治县	13	14	12	13	12	11	11	11	11	6
昌江黎族自治县	31	41	30	43	27	10	12	16	16	16
乐东黎族自治县	4	4	4	10	9	11	8	9	8	15
陵水黎族自治县	6	7	3	3	3	4	4	4	2	3
保亭黎族苗族自治县	11	7	5	5	5	2	3	5	3	4
琼中黎族苗族自治县	6	6	6	7	7	4	8	7	9	14

工业企业废水治理设施处理能力

单位：万 t/d

行政区划名称	2011 年	2012 年	2013 年	2014 年	2015 年	2016 年	2017 年	2018 年	2019 年	2020 年
海南省	**39.883**	**39.928**	**53.459**	**44.578**	**39.666**	**101.187**	**30.868**	**40.215**	**44.172**	**54.858**
海口市	4.774	7.506	7.434	6.137	6.957	65.642	5.017	4.591	7.763	5.312
三亚市	0.211	0.264	0.458	0.300	0.106	1.341	0.160	0.186	0.283	10.227
三沙市	/	/	/	/	/	/	/	/	0.007	0
儋州市	2.771	2.314	2.572	2.565	2.315	1.067	1.428	1.666	1.806	1.954
洋浦经济开发区	11.460	11.460	25.460	14.343	18.643	18.719	13.838	21.752	20.424	24.611
五指山市	0.261	0.231	0.360	0.347	0.345	0.253	0.093	0.093	0.100	0.019
琼海市	0.482	0.656	0.671	0.594	0.464	0.560	0.501	0.582	0.521	0.495
文昌市	0	0	0	0	0.024	2.550	0.608	0.802	0.930	0.912
万宁市	0.619	0.669	0.614	0.644	0.644	0.247	0.275	0.176	0.231	0.809
东方市	0.600	1.086	1.003	1.769	1.864	2.980	2.390	3.143	1.922	1.969
定安县	0.440	0.435	0.290	0.247	0.290	0.403	0.443	0.747	0.631	0.685
屯昌县	0.559	0.521	0.521	0.630	0.420	0.450	0.297	0.314	0.237	0.320
澄迈县	1.448	0.816	1.811	2.059	2.270	2.868	1.857	1.760	2.601	2.952
临高县	0.253	0.591	0.568	0.585	0.614	0.421	0.422	0.419	0.402	0.389
白沙黎族自治县	1.354	1.019	1.630	1.690	1.307	1.307	1.237	1.259	3.349	0.547
昌江黎族自治县	13.511	11.295	8.898	10.800	2.113	0.933	1.265	1.642	1.838	1.916
乐东黎族自治县	0.200	0.200	0.271	0.967	0.290	0.698	0.582	0.606	0.570	0.675
陵水黎族自治县	0.108	0.208	0.100	0.100	0.200	0.215	0.210	0.251	0.198	0.248
保亭黎族苗族自治县	0.071	0.076	0.036	0.036	0.036	0.010	0.013	0.015	0.093	0.144
琼中黎族苗族自治县	0.762	0.582	0.762	0.765	0.765	0.525	0.231	0.213	0.268	0.676

工业企业废水治理设施运行费用

单位：万元

行政区划名称	2011 年	2012 年	2013 年	2014 年	2015 年	2016 年	2017 年	2018 年	2019 年	2020 年
海南省	**35788.10**	**33048.10**	**33453.50**	**34086.20**	**33570.60**	**29355.00**	**28532.83**	**30210.72**	**33232.45**	**30143.09**
海口市	2004.70	1926.30	2165.20	1747.90	2767.90	1949.50	2080.14	1913.92	2891.98	2444.87
三亚市	208.00	182.00	155.00	66.90	56.40	83.40	57.63	76.50	188.97	200.40
三沙市	/	/	/	/	/	/	/	/	2.00	0
儋州市	173.00	79.40	125.70	105.70	259.30	290.70	287.24	468.25	415.63	491.15
洋浦经济开发区	28193.60	24659.20	27266.20	26793.10	23781.40	18335.20	19670.52	19546.24	21595.39	13803.98
五指山市	978.30	975.00	66.70	36.10	36.00	78.50	16.26	32.60	36.20	64.30
琼海市	343.30	311.00	476.30	442.70	335.10	296.00	392.00	391.30	400.92	378.75
文昌市	0	0	0	0	1.20	301.60	284.68	419.94	398.62	467.95
万宁市	119.00	135.10	120.20	157.90	157.90	75.80	75.20	77.90	105.26	135.60
东方市	417.90	737.70	709.00	746.70	1667.70	3633.70	2930.25	3338.95	2058.46	1744.82
定安县	64.70	68.10	70.80	66.90	172.50	215.50	214.00	288.10	332.30	359.78
屯昌县	77.20	85.00	80.00	98.50	151.50	143.00	52.00	92.00	109.50	227.48
澄迈县	925.20	754.70	742.60	2071.30	1351.90	2120.60	935.49	1471.38	1889.67	5070.79
临高县	45.10	501.70	417.30	507.20	453.50	200.80	114.62	114.40	97.80	128.86
白沙黎族自治县	131.30	146.70	183.50	201.80	586.20	136.00	166.01	202.47	254.78	265.43
昌江黎族自治县	1829.70	2094.80	549.50	598.20	1304.00	861.20	933.91	1282.88	2166.94	2937.07
乐东黎族自治县	77.00	120.00	129.00	232.00	243.10	471.00	104.61	218.13	151.08	448.89
陵水黎族自治县	85.00	160.00	90.00	70.00	89.00	101.80	196.50	249.00	95.00	797.22
保亭黎族苗族自治县	18.70	14.10	7.70	7.50	7.30	3.00	9.58	14.97	8.00	26.00
琼中黎族苗族自治县	96.40	97.30	98.80	135.80	148.70	57.70	12.20	11.80	33.96	149.77

工业企业废水排放量

单位：万 t

行政区划名称	2011 年	2012 年	2013 年	2014 年	2015 年	2016 年	2017 年	2018 年	2019 年	2020 年
海南省	**6401.599**	**6937.583**	**6558.513**	**7573.250**	**6414.288**	**6530.972**	**6721.666**	**7406.870**	**7846.109**	**6650.575**
海口市	539.016	764.437	755.085	714.828	609.818	933.238	1097.676	1164.118	1204.624	668.205
三亚市	71.914	87.928	63.380	40.827	45.789	211.652	222.672	255.561	516.841	164.626
三沙市	/	/	/	/	/	0	6.334	6.980	7.394	0
儋州市	193.808	301.965	271.376	193.674	150.498	172.030	173.416	225.384	149.812	36.294
洋浦经济开发区	2782.708	2779.451	2923.826	3267.032	3018.753	3417.473	3646.511	3925.982	4155.403	4443.891
五指山市	10.414	7.214	18.606	16.546	8.769	1.764	1.677	2.049	2.876	5.056
琼海市	55.407	61.372	96.047	372.762	231.075	43.920	53.319	88.133	59.991	33.265
文昌市	227.140	220.470	179.065	179.810	194.469	112.060	78.991	85.210	105.315	50.328
万宁市	79.263	76.146	65.115	65.618	65.818	29.744	35.020	36.540	24.495	13.597
东方市	340.760	368.940	347.609	379.519	304.373	427.819	446.633	497.086	511.245	428.640
定安县	110.838	109.694	66.524	67.508	71.844	72.143	67.076	75.640	82.766	69.260
屯昌县	20.957	20.233	22.632	20.910	17.970	3.078	1.411	1.569	2.190	2.478
澄迈县	178.972	153.643	229.836	427.384	392.754	448.792	184.671	204.175	211.959	264.160
临高县	877.325	827.546	527.716	541.852	464.903	286.197	293.538	328.044	190.689	86.647
白沙黎族自治县	129.846	145.132	228.076	179.153	131.309	29.450	28.719	29.318	27.482	51.762
昌江黎族自治县	707.519	735.599	724.504	1058.863	664.831	227.659	265.945	350.143	465.318	308.677
乐东黎族自治县	18.343	208.571	7.346	10.837	9.814	2.236	2.175	3.006	3.455	5.054
陵水黎族自治县	22.560	26.686	1.385	3.402	5.636	54.980	62.633	69.558	70.694	14.805
保亭黎族苗族自治县	8.904	6.728	7.654	6.869	6.880	46.790	48.039	53.134	47.184	0.432
琼中黎族苗族自治县	25.903	35.825	22.733	25.858	18.985	9.948	5.211	5.240	6.376	3.399

工业企业废水中化学需氧量排放量

单位：t

行政区划名称	2011 年	2012 年	2013 年	2014 年	2015 年	2016 年	2017 年	2018 年	2019 年	2020 年
海南省	**11527.812**	**11401.465**	**11678.966**	**10320.172**	**8188.713**	**6780.468**	**6082.152**	**6739.197**	**5265.421**	**4339.738**
海口市	641.126	702.970	745.930	706.236	854.884	245.667	299.170	317.410	392.772	145.538
三亚市	416.071	484.500	534.052	288.864	314.499	89.051	215.720	343.184	271.866	154.500
三沙市	/	/	/	/	/	0	0	0	0	0
儋州市	595.460	498.930	540.550	457.700	547.658	81.472	274.071	294.598	233.944	137.504
洋浦经济开发区	4470.584	4857.242	5180.391	5312.440	2251.415	2347.040	2539.070	2797.317	2451.738	2843.066
五指山市	35.074	30.784	38.732	27.740	17.981	3.943	13.080	15.269	18.313	2.484
琼海市	525.306	419.471	399.327	512.399	507.618	958.855	272.030	441.845	303.175	109.473
文昌市	368.202	326.900	593.490	324.210	625.825	520.303	369.440	243.962	341.834	156.609
万宁市	173.430	152.137	126.227	182.227	192.227	192.310	184.200	172.772	13.725	244.024
东方市	324.500	308.428	309.290	175.610	377.871	126.776	154.700	194.116	173.350	195.422
定安县	507.470	405.710	301.565	257.710	364.626	112.717	94.020	92.436	83.351	64.408
屯昌县	131.510	23.739	34.130	40.996	40.480	45.612	41.110	39.493	32.885	0.112
澄迈县	635.160	916.130	787.490	828.740	905.508	1600.499	1166.000	1321.989	550.134	98.650
临高县	916.865	804.360	787.096	447.395	362.450	81.644	80.310	84.764	84.902	23.853
白沙黎族自治县	883.650	514.980	564.100	368.100	312.384	45.896	60.400	54.615	57.371	7.330
昌江黎族自治县	726.867	792.951	508.480	245.700	268.020	143.737	121.900	149.505	161.216	66.629
乐东黎族自治县	36.670	31.481	48.980	54.360	56.460	39.368	41.440	41.499	46.949	50.629
陵水黎族自治县	12.000	8.839	8.780	8.637	9.578	102.365	118.680	109.128	33.205	26.655
保亭黎族苗族自治县	25.492	23.169	27.766	28.408	32.549	18.105	12.430	11.824	3.133	0.058
琼中黎族苗族自治县	102.375	98.744	142.589	52.700	146.680	25.109	24.380	13.471	11.558	12.794

工业企业废水中氨氮排放量

单位：t

行政区划名称	2011 年	2012 年	2013 年	2014 年	2015 年	2016 年	2017 年	2018 年	2019 年	2020 年
海南省	**761.884**	**839.930**	**874.058**	**877.000**	**446.454**	**422.555**	**312.698**	**348.295**	**150.931**	**106.912**
海口市	35.044	42.017	44.426	48.722	49.650	10.784	10.990	10.880	27.424	3.892
三亚市	11.480	11.912	12.867	12.732	13.500	1.224	4.460	10.437	7.826	4.584
三沙市	/	/	/	/	/	0	0	0	0	0
儋州市	58.399	65.052	67.250	73.600	71.241	1.296	5.616	6.376	4.295	8.695
洋浦经济开发区	447.562	488.221	520.439	522.493	77.674	84.958	74.056	74.663	35.357	29.889
五指山市	2.180	2.060	2.820	3.039	0.310	0.208	0.470	0.610	1.184	0.065
琼海市	12.163	10.315	20.891	14.569	17.138	9.638	5.560	8.209	7.968	8.564
文昌市	14.970	16.121	35.820	17.850	37.690	12.539	9.150	9.540	16.217	6.254
万宁市	12.990	13.697	14.525	15.525	16.525	5.871	7.000	8.965	0.270	7.320
东方市	16.352	20.590	17.718	20.018	21.054	3.052	4.910	5.357	1.969	7.691
定安县	21.640	14.953	15.010	15.968	17.076	4.039	3.080	3.392	3.109	2.862
屯昌县	3.790	2.078	2.708	2.804	2.841	1.636	1.310	1.511	1.340	0.001
澄迈县	64.340	79.847	70.453	76.145	78.001	270.541	170.970	188.718	24.594	16.674
临高县	16.360	13.930	17.615	19.921	16.275	2.980	2.710	2.861	3.403	2.394
白沙黎族自治县	15.750	9.650	11.590	11.185	5.670	1.316	2.050	1.921	1.612	0.254
昌江黎族自治县	20.036	22.070	10.055	11.884	10.667	5.008	3.850	7.219	10.566	4.764
乐东黎族自治县	1.530	1.547	1.870	2.080	2.270	1.928	1.210	1.694	1.613	1.675
陵水黎族自治县	2.100	21.210	2.010	2.009	2.179	3.750	3.830	4.249	1.284	0.765
保亭黎族苗族自治县	2.283	2.128	1.894	2.175	2.320	0.883	0.510	0.589	0.104	0.003
琼中黎族苗族自治县	2.915	2.532	4.098	4.282	4.374	0.909	0.980	1.104	0.798	0.566

工业企业废水中总氮排放量

单位：t

行政区划名称	2011 年	2012 年	2013 年	2014 年	2015 年	2016 年	2017 年	2018 年	2019 年	2020 年
海南省	/	/	/	/	**968.539**	**1915.675**	**1132.988**	**1384.270**	**1224.270**	**525.890**
海口市	/	/	/	/	68.178	165.490	93.960	119.475	124.891	24.986
三亚市	/	/	/	/	49.986	82.136	46.520	64.822	48.754	40.409
三沙市	/	/	/	/	/	0	0.130	0.164	0.145	0
儋州市	/	/	/	/	94.251	14.875	18.523	21.401	28.174	23.533
洋浦经济开发区	/	/	/	/	238.303	221.251	143.974	187.528	157.821	208.518
五指山市	/	/	/	/	7.975	8.206	4.970	5.646	4.566	0.291
琼海市	/	/	/	/	35.692	30.941	13.200	24.795	19.060	20.968
文昌市	/	/	/	/	78.312	48.465	25.740	21.927	32.173	19.994
万宁市	/	/	/	/	30.033	22.456	13.630	25.600	0.790	9.033
东方市	/	/	/	/	53.946	105.264	165.510	162.230	137.447	70.360
定安县	/	/	/	/	25.936	28.908	12.840	14.129	10.867	7.472
屯昌县	/	/	/	/	39.576	7.971	2.980	3.523	3.226	0.016
澄迈县	/	/	/	/	154.003	1106.104	545.540	668.299	592.712	67.076
临高县	/	/	/	/	22.033	16.676	9.750	10.746	12.633	8.998
白沙黎族自治县	/	/	/	/	35.444	7.692	6.660	7.137	5.592	2.468
昌江黎族自治县	/	/	/	/	10.667	9.337	7.560	21.044	22.636	8.219
乐东黎族自治县	/	/	/	/	10.280	7.112	3.230	4.492	4.277	4.255
陵水黎族自治县	/	/	/	/	2.530	24.909	14.370	16.894	16.103	8.296
保亭黎族苗族自治县	/	/	/	/	3.420	3.466	1.450	1.584	0.349	0.021
琼中黎族苗族自治县	/	/	/	/	7.975	4.416	2.460	2.835	2.054	0.977

工业企业废水中总磷排放量

单位：t

行政区划名称	2011 年	2012 年	2013 年	2014 年	2015 年	2016 年	2017 年	2018 年	2019 年	2020 年
海南省	/	/	/	/	**86.232**	**131.207**	**39.019**	**48.492**	**54.188**	**24.618**
海口市	/	/	/	/	2.127	13.204	5.150	6.223	9.695	1.162
三亚市	/	/	/	/	0.700	6.673	2.110	3.428	5.589	2.742
三沙市	/	/	/	/	/	0	0.010	0.010	0.011	0
儋州市	/	/	/	/	2.341	1.374	2.032	2.191	1.625	1.149
洋浦经济开发区	/	/	/	/	6.100	14.599	3.535	4.150	4.932	0.635
五指山市	/	/	/	/	0.122	0.447	0.430	0.498	4.137	0.021
琼海市	/	/	/	/	3.913	1.754	2.570	5.914	2.822	2.289
文昌市	/	/	/	/	0.977	17.697	5.330	4.916	6.139	2.138
万宁市	/	/	/	/	1.690	0.026	2.190	2.521	0.754	7.770
东方市	/	/	/	/	0.657	1.593	0.800	2.045	1.303	0.374
定安县	/	/	/	/	4.540	4.621	1.160	1.522	2.553	0.576
屯昌县	/	/	/	/	1.582	0.689	0.420	0.471	0.524	0
澄迈县	/	/	/	/	59.306	61.209	8.080	8.331	9.356	3.047
临高县	/	/	/	/	0.590	1.649	1.130	1.109	1.272	0.491
白沙黎族自治县	/	/	/	/	0.625	0.629	0.570	0.611	0.508	0.025
昌江黎族自治县	/	/	/	/	0.121	0.323	0.890	1.571	1.027	0.819
乐东黎族自治县	/	/	/	/	0.579	0.759	0.500	0.552	0.641	0.574
陵水黎族自治县	/	/	/	/	0.025	3.250	1.620	1.859	0.871	0.436
保亭黎族苗族自治县	/	/	/	/	0.080	0.330	0.200	0.250	0.125	0.001
琼中黎族苗族自治县	/	/	/	/	0.156	0.381	0.290	0.321	0.305	0.369

工业企业废水中石油类排放量

单位：t

行政区划名称	2011 年	2012 年	2013 年	2014 年	2015 年	2016 年	2017 年	2018 年	2019 年	2020 年
海南省	**4.278**	**3.401**	**8.513**	**47.162**	**47.958**	**6.588**	**11.326**	**16.742**	**10.110**	**0.839**
海口市	3.690	3.321	8.289	0.460	0.301	0.469	0.260	0.345	0.207	0.004
三亚市	0	0	0	0	0	0.006	0.030	0.040	0.024	0.001
三沙市	/	/	/	/	/	0	0	0	0	0
儋州市	0	0	0	0	0	0.001	0.002	0.003	0.002	0
洋浦经济开发区	0.197	0.077	0.134	0.212	1.867	0.388	0.994	2.826	1.152	0.147
五指山市	0	0	0	0	0	0.002	0	0.001	0.001	0
琼海市	0	0	0.087	0	0	0.024	0.040	0.131	0.189	0
文昌市	0	0	0	1.500	1.460	0.002	0	0.003	0.002	0.012
万宁市	0.001	0	0	0	0	0.014	0.010	0.008	0.004	0.010
东方市	0	0	0	1.117	0.123	0.006	0.010	0.038	0.770	0.571
定安县	0.240	0	0	0	0	0.019	0.030	0.047	0.028	0.001
屯昌县	0	0	0	0	0	…	0	…	…	0
澄迈县	0.150	0.001	0.003	0	0.127	1.715	3.800	4.222	2.251	0.002
临高县	0	0	0	0	0	…	0	0.001	…	0
白沙黎族自治县	0	0	0	0	0	0.003	0	…	0.002	0.001
昌江黎族自治县	0	0.002	0	43.872	44.080	3.901	6.070	8.977	5.421	0.090
乐东黎族自治县	0	0	0	0	0	0	0	0	0	0
陵水黎族自治县	0	0	0	0	0	0	0	0.004	…	0
保亭黎族苗族自治县	0	0	0	0	0	…	0	0.001	0.001	0
琼中黎族苗族自治县	0	0	0	0	0	0.037	0.060	0.094	0.057	0

工业企业废水中挥发酚排放量

单位：kg

行政区划名称	2011 年	2012 年	2013 年	2014 年	2015 年	2016 年	2017 年	2018 年	2019 年	2020 年
海南省	**61.740**	**43.987**	**0**	**100.000**	**1.180**	**0**	**1760.406**	**2292.945**	**11610.319**	**305.192**
海口市	0	0	0	0	0	0	0	0	0.100	0
三亚市	0	0	0	0	0	0	0	0	0	0
三沙市	/	/	/	/	/	0	0	0	0	0
儋州市	0	0	0	0	0	0	0	0	0	0
洋浦经济开发区	61.720	43.987	0	0	0	0	1516.717	2119.452	11298.945	93.110
五指山市	0	0	0	0	0	0	0	0	0	0
琼海市	0	0	0	0	0	0	0	134.745	87.899	0
文昌市	0	0	0	100.000	1.080	0	0.014	0	0	0.009
万宁市	0	0	0	0	0	0	0	0	0	0
东方市	0	0	0	0	0	0	0.065	0.126	25.672	211.976
定安县	0	0	0	0	0	0	0	0	0	0
屯昌县	0	0	0	0	0	0	0	0	0	0
澄迈县	0.020	0	0	0	0.100	0	243.610	31.630	191.150	0.097
临高县	0	0	0	0	0	0	0	6.992	6.554	0
白沙黎族自治县	0	0	0	0	0	0	0	0	0	0
昌江黎族自治县	0	0	0	0	0	0	0	0	0	0
乐东黎族自治县	0	0	0	0	0	0	0	0	0	0
陵水黎族自治县	0	0	0	0	0	0	0	0	0	0
保亭黎族苗族自治县	0	0	0	0	0	0	0	0	0	0
琼中黎族苗族自治县	0	0	0	0	0	0	0	0	0	0

工业企业废水中氰化物排放量

单位：kg

行政区划名称	2011 年	2012 年	2013 年	2014 年	2015 年	2016 年	2017 年	2018 年	2019 年	2020 年
海南省	**34.480**	**0**	**0**	**0**	**…**	**0**	**2.851**	**0**	**0**	**33.058**
海口市	15.480	0	0	0	0	0	0.004	0	0	0
三亚市	0	0	0	0	0	0	0	0	0	0
三沙市	/	/	/	/	/	0	0	0	0	0
儋州市	19.000	0	0	0	0	0	0	0	0	0
洋浦经济开发区	0	0	0	0	0	0	0.785	0	0	33.058
五指山市	0	0	0	0	0	0	0	0	0	0
琼海市	0	0	0	0	0	0	0	0	0	0
文昌市	0	0	0	0	0	0	0	0	0	0
万宁市	0	0	0	0	0	0	0	0	0	0
东方市	0	0	0	0	0	0	0.694	0	0	0
定安县	0	0	0	0	0	0	0	0	0	0
屯昌县	0	0	0	0	0	0	0	0	0	0
澄迈县	0	0	0	0	…	0	1.369	0	0	0
临高县	0	0	0	0	0	0	0	0	0	0
白沙黎族自治县	0	0	0	0	0	0	0	0	0	0
昌江黎族自治县	0	0	0	0	0	0	0	0	0	0
乐东黎族自治县	0	0	0	0	0	0	0	0	0	0
陵水黎族自治县	0	0	0	0	0	0	0	0	0	0
保亭黎族苗族自治县	0	0	0	0	0	0	0	0	0	0
琼中黎族苗族自治县	0	0	0	0	0	0	0	0	0	0

工业企业废水中总砷排放量

单位：kg

行政区划名称	2011 年	2012 年	2013 年	2014 年	2015 年	2016 年	2017 年	2018 年	2019 年	2020 年
海南省	**26.500**	**13.477**	**1.077**	**11.833**	**5.566**	**0.060**	**0.100**	**0.150**	**0.200**	**6.110**
海口市	0.470	0.470	0	0	0	0	0.034	0	0	0.002
三亚市	0	0	0	0	0	0	0	0	0	0
三沙市	/	/	/	/	/	0	0	0	0	0
儋州市	0	0	0	0	0	0	0	0	0	0
洋浦经济开发区	0	0	0	0	0	0	0	0	0	0
五指山市	0	0	0	0	0	0	0	0	0	0
琼海市	0	0	0	0	0	0	0	0	0	0
文昌市	0	0	0.790	0	0	0	0	0	0	0
万宁市	0	0	0	0	0	0	0	0	0	0
东方市	0	0	0	0.134	1.086	0	0.063	0	0.001	0.618
定安县	0	0	0	0	0	0	0	0	0	0
屯昌县	0	0	0	0	0	0	0	0	0	0
澄迈县	0	0	0	0	…	0	0.003	0	0	0
临高县	0	0	0	0	0	0	0	0	0	0
白沙黎族自治县	0	0	0	0	0	0	0	0	0	0
昌江黎族自治县	25.930	12.907	0.287	11.699	4.480	0	0	0	0.098	5.490
乐东黎族自治县	0.100	0.100	0	0	0	0.060	0	0.150	0.101	0
陵水黎族自治县	0	0	0	0	0	0	0	0	0	0
保亭黎族苗族自治县	0	0	0	0	0	0	0	0	0	0
琼中黎族苗族自治县	0	0	0	0	0	0	0	0	0	0

工业企业废水中总铅排放量

单位：kg

行政区划名称	2011 年	2012 年	2013 年	2014 年	2015 年	2016 年	2017 年	2018 年	2019 年	2020 年
海南省	**25.350**	**1.664**	**3.233**	**0.023**	**0.810**	**38.046**	**10.983**	**75.064**	**80.998**	**2.802**
海口市	0.270	0.281	0	0	0	0	0	0	0	0
三亚市	0	0	0	0	0	0	0	0	0	0
三沙市	/	/	/	/	/	0	0	0	0	0
儋州市	0	0	0	0	0	0	0	0	0	0
洋浦经济开发区	0	0	0	0	0	0	0	0	0	0
五指山市	0	0	0	0	0	0	0	0	0	0
琼海市	0	0	0	0	0	0	0	0	0	0
文昌市	0	0	2.150	0	0	0	0	0	0	0
万宁市	0	0	0	0	0	0	0	0	0	0
东方市	0	0	0	0.023	0	0	0.027	0.184	0.338	0.047
定安县	0	0	0	0	0	0	0	0	0	0
屯昌县	0	0	0	0	0	0	0	0	0	0
澄迈县	0	0	0	0	0	0	0	0	0	0.011
临高县	0	0	0	0	0	0	0	0	0	0
白沙黎族自治县	0	0	0	0	0	0	0	0	0	0
昌江黎族自治县	24.980	1.283	1.083	0	0.810	38.046	10.956	34.900	59.426	2.744
乐东黎族自治县	0.100	0.100	0	0	0	0	0	39.980	21.234	0
陵水黎族自治县	0	0	0	0	0	0	0	0	0	0
保亭黎族苗族自治县	0	0	0	0	0	0	0	0	0	0
琼中黎族苗族自治县	0	0	0	0	0	0	0	0	0	0

工业企业废水中总镉排放量

单位：kg

行政区划名称	2011 年	2012 年	2013 年	2014 年	2015 年	2016 年	2017 年	2018 年	2019 年	2020 年
海南省	**4.704**	**0.741**	**1.140**	**0.001**	**0.870**	**3.324**	**0.788**	**3.832**	**1.945**	**0.138**
海口市	0.106	0.106	0	0	0	0	0.004	0.020	0.010	0
三亚市	0	0	0	0	0	0	0	0	0	0
三沙市	/	/	/	/	/	0	0	0	0	0
儋州市	0	0	0	0	0	0	0	0	0	0
洋浦经济开发区	0	0	0	0	0	0	0	0	0	0
五指山市	0	0	0	0	0	0	0	0	0	0
琼海市	0	0	0	0	0	0	0	0	0	0
文昌市	0	0	0.620	0	0	0	0	0	0	0
万宁市	0	0	0	0	0	0	0	0	0	0
东方市	0	0	0	0.001	0	0	0.001	0.005	0.003	0.001
定安县	0	0	0	0	0	0	0	0	0	0
屯昌县	0	0	0	0	0	0	0	0	0	0
澄迈县	0	0	0	0	0	0	0	0	0	0.104
临高县	0	0	0	0	0	0	0	0	0	0
白沙黎族自治县	0	0	0	0	0	0	0	0	0	0
昌江黎族自治县	4.548	0.585	0.520	0	0.870	3.324	0.783	2.717	1.929	0.033
乐东黎族自治县	0.050	0.050	0	0	0	0	0	1.090	0.004	0
陵水黎族自治县	0	0	0	0	0	0	0	0	0	0
保亭黎族苗族自治县	0	0	0	0	0	0	0	0	0	0
琼中黎族苗族自治县	0	0	0	0	0	0	0	0	0	0

工业企业废水中总汞排放量

单位：kg

行政区划名称	2011 年	2012 年	2013 年	2014 年	2015 年	2016 年	2017 年	2018 年	2019 年	2020 年
海南省	**0.008**	**0.008**	**0.135**	**3.510**	**0.094**	**0**	**0.004**	**0**	**0**	**0.013**
海口市	0.003	0.003	0	0	0	0	0.002	0	0	0.007
三亚市	0	0	0	0	0	0	0	0	0	0
三沙市	/	/	/	/	/	0	0	0	0	0
儋州市	0	0	0	0	0	0	0	0	0	0
洋浦经济开发区	0	0	0	0	0	0	0	0	0	0
五指山市	0	0	0	0	0	0	0	0	0	0
琼海市	0	0	0	0	0	0	0	0	0	0
文昌市	0	0	0.135	0	0	0	0	0	0	0
万宁市	0	0	0	0	0	0	0	0	0	0
东方市	0	0	0	0	0.094	0	0	0	0	0.001
定安县	0	0	0	0	0	0	0	0	0	0
屯昌县	0	0	0	0	0	0	0	0	0	0
澄迈县	0	0	0	0	0	0	0.002	0	0	0.004
临高县	0	0	0	0	0	0	0	0	0	0
白沙黎族自治县	0	0	0	0	0	0	0	0	0	0
昌江黎族自治县	0	0	0	3.510	0	0	0	0	0	0.001
乐东黎族自治县	0.005	0.005	0	0	0	0	0	0	0	0
陵水黎族自治县	0	0	0	0	0	0	0	0	0	0
保亭黎族苗族自治县	0	0	0	0	0	0	0	0	0	0
琼中黎族苗族自治县	0	0	0	0	0	0	0	0	0	0

工业企业废水中总铬排放量

单位：kg

行政区划名称	2011 年	2012 年	2013 年	2014 年	2015 年	2016 年	2017 年	2018 年	2019 年	2020 年
海南省	**131.332**	**131.404**	**121.910**	**98.678**	**36.530**	**10.576**	**10.655**	**6.683**	**7.157**	**24.354**
海口市	131.332	131.284	120.000	98.660	2.190	4.923	5.959	0	0	0
三亚市	0	0	0	0	0	0	0	0	0	0
三沙市	/	/	/	/	/	0	0	0	0	0
儋州市	0	0	0	0	0	0	0	0	0	0
洋浦经济开发区	0	0	0	0	0	0	0	0	0	0
五指山市	0	0	0	0	0	0	0	0	0	0
琼海市	0	0	0	0	0	0	0	0	0	0
文昌市	0	0	1.910	0	0	0	0	0	0	0
万宁市	0	0	0	0	0	0	0	0	0	0
东方市	0	0	0	0.018	0	0	0	0	0	0.032
定安县	0	0	0	0	0	0	0	0	0	0
屯昌县	0	0	0	0	0	0	0	0	0	0
澄迈县	0	0	0	0	0	0	0	0	0	0
临高县	0	0	0	0	0	0	0	0	0	0
白沙黎族自治县	0	0	0	0	0	0	0	0	0	0
昌江黎族自治县	0	0	0	0	34.340	5.653	4.696	6.683	7.157	24.322
乐东黎族自治县	0	0.120	0	0	0	0	0	0	0	0
陵水黎族自治县	0	0	0	0	0	0	0	0	0	0
保亭黎族苗族自治县	0	0	0	0	0	0	0	0	0	0
琼中黎族苗族自治县	0	0	0	0	0	0	0	0	0	0

工业企业废水中六价铬排放量

单位：kg

行政区划名称	2011 年	2012 年	2013 年	2014 年	2015 年	2016 年	2017 年	2018 年	2019 年	2020 年
海南省	**0**	**0.103**	**0.003**	**0.006**	**3.350**	**9.100**	**1.507**	**1.576**	**1.613**	**5.417**
海口市	0	0.003	0.003	0.004	0.730	9.100	1.507	1.576	1.613	0
三亚市	0	0	0	0	0	0	0	0	0	0
三沙市	/	/	/	/	/	0	0	0	0	0
儋州市	0	0	0	0	0	0	0	0	0	0
洋浦经济开发区	0	0	0	0	0	0	0	0	0	0
五指山市	0	0	0	0	0	0	0	0	0	0
琼海市	0	0	0	0	0	0	0	0	0	0
文昌市	0	0	0	0	0	0	0	0	0	0
万宁市	0	0	0	0	0	0	0	0	0	0
东方市	0	0	0	0.002	0	0	0	0	0	0.014
定安县	0	0	0	0	0	0	0	0	0	0
屯昌县	0	0	0	0	0	0	0	0	0	0
澄迈县	0	0	0	0	0	0	0	0	0	0
临高县	0	0	0	0	0	0	0	0	0	0
白沙黎族自治县	0	0	0	0	0	0	0	0	0	0
昌江黎族自治县	0	0	0	0	2.620	0	0	0	0	5.403
乐东黎族自治县	0	0.100	0	0	0	0	0	0	0	0
陵水黎族自治县	0	0	0	0	0	0	0	0	0	0
保亭黎族苗族自治县	0	0	0	0	0	0	0	0	0	0
琼中黎族苗族自治县	0	0	0	0	0	0	0	0	0	0

1.3 各工业行业废水污染物排放及处理情况

重点调查各工业行业数量

单位：家

行业类别名称	2011年	2012年	2013年	2014年	2015年	2016年	2017年	2018年	2019年	2020年
重点调查各工业行业数量汇总	**483**	**460**	**458**	**496**	**528**	**514**	**519**	**507**	**666**	**617**
农、林、牧、渔专业及辅助性活动	1	1	0	1	1	2	0	0	3	10
煤炭开采和洗选业	0	0	0	0	1	0	0	0	0	0
石油和天然气开采业	2	2	2	3	3	3	4	4	4	4
黑色金属矿采选业	6	6	6	6	2	1	1	1	2	2
有色金属矿采选业	12	13	11	11	11	6	7	7	6	6
非金属矿采选业	10	3	3	3	3	0	0	0	18	16
开采专业及辅助性活动	0	0	0	0	0	0	0	0	0	0
其他采矿业	1	0	0	0	0	0	0	0	0	0
农副食品加工业	157	154	142	149	151	137	131	126	111	107
食品制造业	10	11	15	12	13	15	15	18	27	25
酒、饮料和精制茶制造业	18	19	21	23	23	21	22	22	30	30
烟草制品业	1	1	1	1	1	1	1	1	1	1
纺织业	2	2	2	1	1	1	2	2	2	3
纺织服装、服饰业	0	0	0	0	0	0	0	0	0	0
皮革、毛皮、羽毛及其制品和制鞋业	0	0	0	0	1	1	0	0	0	1
木材加工和木、竹、藤、棕、草制品业	11	11	10	9	12	15	11	12	13	12
家具制造业	1	1	1	1	1	0	1	1	3	3
造纸和纸制品业	7	5	5	5	5	8	8	7	9	9
印刷和记录媒介复制业	1	0	2	2	5	5	8	10	19	18
文教、工美、体育和娱乐用品制造业	0	0	0	0	0	0	0	0	0	0

行业类别名称	2011 年	2012 年	2013 年	2014 年	2015 年	2016 年	2017 年	2018 年	2019 年	2020 年
石油、煤炭及其他燃料加工业	3	3	3	5	6	5	7	9	9	12
化学原料和化学制品制造业	72	74	65	65	71	67	61	59	59	55
医药制造业	28	26	27	27	29	25	33	34	63	58
化学纤维制造业	2	2	2	0	0	0	1	1	0	0
橡胶和塑料制品业	11	15	18	20	18	20	21	22	42	36
非金属矿物制品业	104	85	93	122	140	148	152	143	193	160
黑色金属冶炼和压延加工业	2	2	1	2	2	2	1	0	0	0
有色金属冶炼和压延加工业	3	3	3	2	1	1	0	0	1	0
金属制品业	1	2	2	2	2	1	2	1	3	3
通用设备制造业	0	0	0	1	0	0	0	0	0	0
专用设备制造业	1	1	1	2	1	0	0	0	0	0
汽车制造业	2	1	4	4	3	3	2	2	3	3
铁路、船舶、航空航天和其他运输设备制造业	0	0	0	0	0	0	0	0	1	1
电气机械和器材制造业	3	3	5	4	3	4	5	5	5	3
计算机、通信和其他电子设备制造业	2	3	1	3	3	2	0	0	0	0
仪器仪表制造业	0	0	1	0	0	0	0	0	0	0
其他制造业	0	0	0	0	0	2	5	2	2	0
废弃资源综合利用业	1	2	2	1	4	4	6	4	6	5
金属制品、机械和设备修理业	1	1	1	1	1	1	0	0	0	0
电力、热力生产和供应业	7	8	8	8	10	11	11	12	15	18
燃气生产和供应业	0	0	0	0	0	2	1	2	2	2
水的生产和供应业	0	0	0	0	0	0	0	0	14	14

各工业行业废水治理设施数

单位：套

行业类别名称	2011 年	2012 年	2013 年	2014 年	2015 年	2016 年	2017 年	2018 年	2019 年	2020 年
各工业行业废水治理设施数汇总	**299**	**364**	**309**	**338**	**319**	**309**	**290**	**294**	**325**	**373**
农、林、牧、渔专业及辅助性活动	0	1	0	1	1	1	0	0	1	10
煤炭开采和洗选业	0	0	0	0	0	0	0	0	0	0
石油和天然气开采业	1	0	1	3	3	4	2	4	5	5
黑色金属矿采选业	20	29	18	28	18	1	4	3	3	2
有色金属矿采选业	9	9	8	14	8	5	2	6	4	8
非金属矿采选业	0	0	0	0	0	0	0	0	1	4
开采专业及辅助性活动	0	0	0	0	0	0	0	0	0	0
其他采矿业	0	0	0	0	0	0	0	0	0	0
农副食品加工业	106	111	99	112	110	114	116	112	99	92
食品制造业	6	10	13	11	11	14	14	16	19	17
酒、饮料和精制茶制造业	9	11	15	15	14	12	16	13	18	23
烟草制品业	2	1	1	1	1	1	1	1	1	1
纺织业	6	4	1	1	1	1	2	2	2	2
纺织服装、服饰业	0	0	0	0	0	0	0	0	0	0
皮革、毛皮、羽毛及其制品和制鞋业	0	0	0	0	1	1	0	0	0	0
木材加工和木、竹、藤、棕、草制品业	2	7	8	10	10	2	0	0	0	2
家具制造业	0	0	0	0	0	0	0	0	0	0
造纸和纸制品业	5	4	6	4	6	4	5	5	4	5
印刷和记录媒介复制业	1	0	0	0	0	0	3	3	2	3
文教、工美、体育和娱乐用品制造业	0	0	0	0	0	0	0	0	0	0
石油、煤炭及其他燃料加工业	4	4	4	7	7	4	8	7	5	5
化学原料和化学制品制造业	66	96	69	67	60	50	49	46	44	42

行业类别名称	2011 年	2012 年	2013 年	2014 年	2015 年	2016 年	2017 年	2018 年	2019 年	2020 年
医药制造业	20	18	16	18	22	21	22	28	51	52
化学纤维制造业	2	2	2	0	0	0	0	0	0	0
橡胶和塑料制品业	8	15	14	15	10	14	12	14	15	14
非金属矿物制品业	8	12	8	4	9	21	11	11	24	52
黑色金属冶炼和压延加工业	1	1	0	2	1	1	2	0	0	0
有色金属冶炼和压延加工业	4	3	3	1	0	1	0	0	0	0
金属制品业	1	3	3	2	3	1	2	1	0	1
通用设备制造业	0	0	0	0	0	0	0	0	0	0
专用设备制造业	0	0	0	0	0	0	0	0	0	0
汽车制造业	3	2	2	4	3	4	3	3	2	2
铁路、船舶、航空航天和其他运输设备制造业	0	0	0	0	0	0	0	0	0	0
电气机械和器材制造业	2	1	5	4	3	5	5	5	5	2
计算机、通信和其他电子设备制造业	2	5	1	2	2	4	0	0	0	0
仪器仪表制造业	0	0	0	0	0	0	0	0	0	0
其他制造业	0	0	0	0	0	2	0	0	0	0
废弃资源综合利用业	1	2	0	0	0	2	0	0	2	2
金属制品、机械和设备修理业	0	0	0	0	0	0	0	0	0	0
电力、热力生产和供应业	10	13	12	12	15	18	11	14	14	22
燃气生产和供应业	0	0	0	0	0	1	0	0	0	0
水的生产和供应业	0	0	0	0	0	0	0	0	4	5

各工业行业废水治理设施处理能力

单位：万 t/d

行业类别名称	2011 年	2012 年	2013 年	2014 年	2015 年	2016 年	2017 年	2018 年	2019 年	2020 年
各工业行业废水治理设施处理能力汇总	**39.883**	**39.928**	**53.459**	**44.578**	**39.666**	**101.187**	**30.868**	**40.215**	**44.172**	**54.858**
农、林、牧、渔专业及辅助性活动	0	0.003	0	0.003	0.080	0.004	0	0	0.050	0.609
煤炭开采和洗选业	0	0	0	0	0	0	0	0	0	0
石油和天然气开采业	0.004	0	0.193	0.286	0.095	0.307	0.051	0.111	0.114	0.111
黑色金属矿采选业	10.645	10.704	8.384	10.275	1.582	0.526	0.859	1.145	1.460	1.462
有色金属矿采选业	0.415	0.465	0.426	1.130	0.405	2.285	0.051	0.310	0.254	0.264
非金属矿采选业	0	0	0	0	0	0	0	0	0.200	0.204
开采专业及辅助性活动	0	0	0	0	0	0	0	0	0	0
其他采矿业	0	0	0	0	0	0	0	0	0	0
农副食品加工业	9.289	10.031	11.052	8.897	7.030	6.121	5.277	5.403	7.069	4.040
食品制造业	0.517	0.200	0.228	0.208	0.196	60.743	0.281	0.295	0.310	0.346
酒、饮料和精制茶制造业	1.774	1.829	1.493	2.357	1.961	2.556	2.562	2.426	2.766	2.958
烟草制品业	0.015	0.015	0.120	0.120	0.120	0.120	0.120	0.120	0.120	0.120
纺织业	0.108	0.108	0.020	0.020	0.020	0.020	0.198	0.198	0.198	0.198
纺织服装、服饰业	0	0	0	0	0	0	0	0	0	0
皮革、毛皮、羽毛及其制品和制鞋业	0	0	0	0	0.003	0.040	0	0	0	0
木材加工和木、竹、藤、棕、草制品业	0.013	0.010	0.025	0.018	0.014	0.005	0	0	0	0.002
家具制造业	0	0	0	0	0	0	0	0	0	0
造纸和纸制品业	10.045	9.850	23.850	9.850	14.650	14.200	10.200	18.020	16.660	20.620
印刷和记录媒介复制业	0.001	0	0	0	0	0	0.018	0.019	0.031	0.018
文教、工美、体育和娱乐用品制造业	0	0	0	0	0	0	0	0	0	0
石油、煤炭及其他燃料加工业	2.028	1.999	1.994	2.760	1.627	1.620	1.653	1.611	1.631	1.669
化学原料和化学制品制造业	2.484	2.176	2.449	5.432	6.123	7.376	6.549	6.743	7.514	5.834

行业类别名称	2011 年	2012 年	2013 年	2014 年	2015 年	2016 年	2017 年	2018 年	2019 年	2020 年
医药制造业	0.397	0.171	0.164	0.235	0.364	0.261	0.377	0.485	0.682	1.257
化学纤维制造业	0.068	0.068	0.068	0	0	0	0	0	0	0
橡胶和塑料制品业	0.181	0.325	0.369	0.425	0.469	1.000	0.778	0.943	1.085	0.754
非金属矿物制品业	0.158	0.130	0.180	0.106	0.231	1.360	0.144	0.353	0.682	0.937
黑色金属冶炼和压延加工业	0.022	0.010	0	0.100	0.100	0.100	0.110	0	0	0
有色金属冶炼和压延加工业	0.143	0.128	0.128	0.030	0	0.002	0	0	0	0
金属制品业	0.288	0.295	0.308	0.298	0.318	0.288	0.290	0.002	0	0.002
通用设备制造业	0	0	0	0	0	0	0	0	0	0
专用设备制造业	0	0	0	0	0	0	0	0	0	0
汽车制造业	0.107	0.090	0.262	0.176	0.131	0.186	0.141	0.141	0.135	0.135
铁路、船舶、航空航天和其他运输设备制造业	0	0	0	0	0	0	0	0	0	0
电气机械和器材制造业	0.200	0.047	0.850	0.529	0.789	0.819	0.819	0.819	0.819	0.080
计算机、通信和其他电子设备制造业	0.490	0.700	0.040	0.469	2.480	0.018	0	0	0	0
仪器仪表制造业	0	0	0	0	0	0	0	0	0	0
其他制造业	0	0	0	0	0	0.003	0	0	0	0
废弃资源综合利用业	0.001	0.003	0	0	0	0.013	0	0	0.055	0.112
金属制品、机械和设备修理业	0	0	0	0	0	0	0	0	0	0
电力、热力生产和供应业	0.492	0.571	0.855	0.855	0.880	1.214	0.390	1.074	1.242	1.802
燃气生产和供应业	0	0	0	0	0	0.002	0	0	0	0
水的生产和供应业	0	0	0	0	0	0	0	0	1.095	11.325

各工业行业废水治理设施运行费用

单位：万元

行业类别名称	2011 年	2012 年	2013 年	2014 年	2015 年	2016 年	2017 年	2018 年	2019 年	2020 年
各工业行业废水治理设施运行费用汇总	**35788.10**	**33048.10**	**33453.50**	**34086.20**	**33570.60**	**29355.00**	**28532.83**	**30210.72**	**33232.45**	**30143.09**
农、林、牧、渔专业及辅助性活动	0	0.60	0	1.00	25.00	0.40	0	0	39.26	411.51
煤炭开采和洗选业	0	0	0	0	0	0	0	0	0	0
石油和天然气开采业	21.70	0	20.00	193.00	177.00	219.50	261.50	488.00	494.80	474.50
黑色金属矿采选业	1688.60	1968.80	370.70	497.80	1216.20	734.10	859.05	1127.63	2022.24	2784.87
有色金属矿采选业	181.90	120.20	138.20	227.70	213.80	332.30	199.00	213.51	82.30	47.13
非金属矿采选业	0	0	0	0	0	0	0	0	0.10	12.10
开采专业及辅助性活动	0	0	0	0	0	0	0	0	0	0
其他采矿业	0	0	0	0	0	0	0	0	0	0
农副食品加工业	1977.40	2491.70	1529.10	1638.90	1443.10	1484.60	1233.18	1402.89	1648.02	1783.02
食品制造业	71.90	93.90	105.10	90.00	102.40	290.00	155.80	198.09	428.80	93.96
酒、饮料和精制茶制造业	545.50	605.80	695.10	631.80	634.00	468.40	664.00	619.23	1109.36	1134.45
烟草制品业	1.00	1.00	15.00	65.00	65.00	75.00	10.00	13.00	50.00	10.00
纺织业	85.00	70.00	18.20	15.00	19.00	11.50	100.00	150.00	109.00	130.00
纺织服装、服饰业	0	0	0	0	0	0	0	0	0	0
皮革、毛皮、羽毛及其制品和制鞋业	0	0	0	0	2.00	5.00	0	0	0	0
木材加工和木、竹、藤、棕、草制品业	16.00	18.00	25.00	21.50	19.50	20.00	0	0	0	0.40
家具制造业	0	0	0	0	0	0	0	0	0	0
造纸和纸制品业	19986.60	16904.20	17396.00	15000.30	20000.00	13872.40	13790.67	14376.37	15006.75	6732.07
印刷和记录媒介复制业	0.50	0	0	0	0	0	20.00	8.03	10.00	80.35
文教、工美、体育和娱乐用品制造业	0	0	0	0	0	0	0	0	0	0
石油、煤炭及其他燃料加工业	8214.10	7767.50	9888.10	10087.70	1980.10	2349.70	1997.35	2603.13	2607.88	2795.58
化学原料和化学制品制造业	1005.80	772.40	791.90	2660.70	4207.10	6801.10	7471.44	5749.06	6043.79	6687.94

行业类别名称	2011 年	2012 年	2013 年	2014 年	2015 年	2016 年	2017 年	2018 年	2019 年	2020 年
医药制造业	142.50	105.20	158.70	156.90	151.50	178.20	140.99	261.39	439.95	762.64
化学纤维制造业	72.60	72.00	46.00	0	0	0	0	0	0	0
橡胶和塑料制品业	64.20	204.30	232.70	330.40	308.50	472.00	563.40	758.29	773.47	594.88
非金属矿物制品业	148.00	88.40	39.90	30.00	59.80	160.20	90.70	36.42	60.49	265.70
黑色金属冶炼和压延加工业	67.00	17.00	0	525.00	168.00	158.00	5.00	0	0	0
有色金属冶炼和压延加工业	83.70	79.10	105.70	2.50	0	1.00	0	0	0	0
金属制品业	89.00	115.00	143.60	210.00	183.00	144.30	20.31	0.50	0	4.50
通用设备制造业	0	0	0	0	0	0	0	0	0	0
专用设备制造业	0	0	0	0	0	0	0	0	0	0
汽车制造业	57.00	69.50	140.00	104.80	103.90	115.50	48.20	43.75	4.13	6.79
铁路、船舶、航空航天和其他运输设备制造业	0	0	0	0	0	0	0	0	0	0
电气机械和器材制造业	189.00	300.00	622.00	346.90	1431.60	336.00	830.00	560.00	475.00	39.00
计算机、通信和其他电子设备制造业	630.70	387.20	120.00	78.80	34.60	12.60	0	0	0	0
仪器仪表制造业	0	0	0	0	0	0	0	0	0	0
其他制造业	0	0	0	0	0	5.30	0	0	0	0
废弃资源综合利用业	8.00	1.00	0	0	0	91.00	0	0	23.00	44.86
金属制品、机械和设备修理业	0	0	0	0	0	0	0	0	0	0
电力、热力生产和供应业	440.40	795.30	852.50	1170.50	1025.50	1016.40	72.25	1601.43	1531.96	2008.15
燃气生产和供应业	0	0	0	0	0	0.50	0	0	0	0
水的生产和供应业	0	0	0	0	0	0	0	0	272.15	3238.70

各工业行业废水排放量

单位：万 t

行业类别名称	2011 年	2012 年	2013 年	2014 年	2015 年	2016 年	2017 年	2018 年	2019 年	2020 年
各工业行业废水排放量汇总	**6401.599**	**6937.583**	**6558.513**	**7573.250**	**6414.288**	**6530.972**	**6721.666**	**7406.870**	**7846.109**	**6650.575**
农、林、牧、渔专业及辅助性活动	10.060	1.188	0	1.188	2.250	0	0	0	0	21.251
煤炭开采和洗选业	0	0	0	0	0	0	0	0	0	0
石油和天然气开采业	7.341	0.025	2.640	11.229	10.757	0	0	0	0	2.778
黑色金属矿采选业	549.546	527.341	486.160	806.625	440.487	171.293	216.539	304.024	427.698	270.144
有色金属矿采选业	83.330	76.135	63.650	67.660	64.731	0	0.300	0.300	0.118	2.402
非金属矿采选业	5.920	205.250	12.786	12.682	12.691	0	0.270	0.298	0.315	0
开采专业及辅助性活动	0	0	0	0	0	0	0	0	0	0
其他采矿业	6.950	0	0	0	0	0	0	0	0	0
农副食品加工业	1968.328	1995.954	1832.110	2033.693	1535.671	733.832	466.957	592.368	464.969	413.891
食品制造业	34.525	46.666	62.403	46.524	33.956	27.218	92.868	98.415	138.616	33.071
酒、饮料和精制茶制造业	215.405	243.380	240.476	251.890	260.862	148.190	284.260	301.979	378.651	233.905
烟草制品业	1.140	1.184	1.560	3.370	23.171	19.793	20.372	22.743	18.083	19.022
纺织业	30.374	32.314	14.614	7.000	5.200	2.689	16.803	18.516	42.668	4.983
纺织服装、服饰业	0	0	0	0	0	0	0.050	0.055	0.058	0
皮革、毛皮、羽毛及其制品和制鞋业	0	0	0	0	1.198	0	0	0	0	0
木材加工和木、竹、藤、棕、草制品业	4.409	3.759	8.946	7.230	5.893	0	0.093	0.102	0.109	0
家具制造业	0	0	0	0	0	0	0	0	0	0.003
造纸和纸制品业	2775.957	2776.928	2910.789	2890.162	2617.614	3030.705	3226.023	3457.392	3650.162	3846.040
印刷和记录媒介复制业	0.800	0	0.035	0.024	0.892	0.062	0.081	0.179	0.205	3.227
文教、工美、体育和娱乐用品制造业	0	0	0	0	0	0	0	0	0	0
石油、煤炭及其他燃料加工业	11.153	9.502	9.254	41.671	39.814	183.117	188.473	207.680	213.727	159.394
化学原料和化学制品制造业	318.270	367.165	362.341	722.688	811.110	640.737	671.790	744.280	792.079	898.165

行业类别名称	2011 年	2012 年	2013 年	2014 年	2015 年	2016 年	2017 年	2018 年	2019 年	2020 年
医药制造业	44.543	64.987	58.862	82.875	88.810	126.492	142.904	153.450	162.084	171.709
化学纤维制造业	11.591	10.889	7.219	0	0	0	0	0	0	0
橡胶和塑料制品业	12.799	27.682	44.740	75.287	41.156	39.213	36.151	34.974	38.675	24.009
非金属矿物制品业	51.914	156.852	73.608	138.558	122.096	4.161	7.753	8.543	6.718	2.604
黑色金属冶炼和压延加工业	6.379	0.900	0	11.000	10.500	0	0	0	0	0
有色金属冶炼和压延加工业	8.390	13.344	13.424	4.381	3.870	0	0	0	0	0
金属制品业	53.130	105.090	111.056	108.000	81.993	41.990	7.845	1.096	1.161	0
通用设备制造业	0	0	0	0	0	0	0	0	0	0
专用设备制造业	0.005	0	0	0	0	0	0.018	0.020	0.021	0
汽车制造业	22.960	22.157	18.846	14.430	15.663	42.125	22.287	29.157	7.685	1.563
铁路、船舶、航空航天和其他运输设备制造业	0	0	0	0	0	0	0	0	0	0
电气机械和器材制造业	44.930	19.900	172.921	160.263	137.928	173.682	180.503	174.088	172.619	6.548
计算机、通信和其他电子设备制造业	67.580	205.536	28.985	41.050	17.499	0	0	0	0	0
仪器仪表制造业	0	0	4.680	0	0	0	0	0	0	0
其他制造业	0	0	0	0	0	0	0	0	0	0
废弃资源综合利用业	0.050	0.416	0	0	0.018	0	0.104	0.115	0.121	0
金属制品、机械和设备修理业	0.200	0.220	0.050	0	0	0	0	0	0	0
电力、热力生产和供应业	53.620	22.819	16.359	33.770	28.460	56.691	12.400	15.441	14.324	15.667
燃气生产和供应业	0	0	0	0	0	0.811	0.835	0.920	0.974	0
水的生产和供应业	0	0	0	0	0	1088.173	1125.988	1240.737	1314.270	520.199

各工业行业废水中化学需氧量排放量

单位：t

行业类别名称	2011年	2012年	2013年	2014年	2015年	2016年	2017年	2018年	2019年	2020年
各工业行业废水中化学需氧量排放量汇总	**11527.812**	**11401.465**	**11678.966**	**10320.172**	**8188.713**	**6780.468**	**6082.152**	**6739.197**	**5265.421**	**4339.738**
农、林、牧、渔专业及辅助性活动	22.120	1.188	0	1.200	11.000	0	0	0	0	244.862
煤炭开采和洗选业	0	0	0	0	0	0	0	0	0	0
石油和天然气开采业	2.570	0.017	30.020	40.690	11.507	0	0	0	0	0.112
黑色金属矿采选业	188.348	244.253	236.742	109.790	109.230	39.683	35.621	62.964	86.215	44.695
有色金属矿采选业	91.420	94.480	97.070	131.970	133.290	0	0	0	0	0.201
非金属矿采选业	5.330	9.680	16.300	19.140	18.175	0	4.730	5.241	4.095	0
开采专业及辅助性活动	0	0	0	0	0	0	0	0	0	0
其他采矿业	5.560	0	0	0	0	0	0	0	0	0
农副食品加工业	5059.556	3897.416	4004.767	2711.579	2842.128	2770.259	1910.222	2012.145	1523.469	587.943
食品制造业	335.600	242.849	83.338	72.077	128.139	168.535	150.429	151.856	282.997	19.200
酒、饮料和精制茶制造业	216.645	162.837	199.366	245.806	295.392	153.190	88.310	107.200	191.919	68.397
烟草制品业	2.980	0.639	0.842	0.810	4.630	0.047	2.852	4.481	3.294	4.584
纺织业	54.770	45.180	70.270	23.600	20.330	2.276	2.125	2.354	1.405	0.851
纺织服装、服饰业	0	0	0	0	0	0	0.745	0.825	0.645	0
皮革、毛皮、羽毛及其制品和制鞋业	0	0	0	0	7.891	0	0	0	0	0
木材加工和木、竹、藤、棕、草制品业	8.580	23.230	34.830	28.555	13.870	0	0.740	0.820	0.641	0
家具制造业	0	0	0	0	0	0	0	0	0	0.001
造纸和纸制品业	4441.390	4826.607	5149.843	5259.336	2198.667	2206.102	2372.989	2485.766	2237.408	2648.844
印刷和记录媒介复制业	9.030	0	0.019	0.036	1.242	0.164	0.440	0.214	0.409	0.427
文教、工美、体育和娱乐用品制造业	0	0	0	0	0	0	0	0	0	0
石油、煤炭及其他燃料加工业	7.070	22.180	11.730	34.194	20.156	180.464	184.342	320.928	250.752	44.582
化学原料和化学制品制造业	538.302	515.201	727.067	741.584	1115.423	1110.077	907.399	1032.919	257.312	420.434

行业类别名称	2011年	2012年	2013年	2014年	2015年	2016年	2017年	2018年	2019年	2020年
医药制造业	123.945	41.097	38.609	101.024	121.977	57.010	48.396	137.362	77.570	32.516
化学纤维制造业	18.290	2.722	1.805	0	0	0	0	0	0	0
橡胶和塑料制品业	25.254	37.813	60.147	99.925	84.760	0.871	3.073	5.708	4.112	5.637
非金属矿物制品业	32.510	532.626	63.392	158.810	202.007	4.593	2.889	2.943	2.388	0.613
黑色金属冶炼和压延加工业	10.800	6.200	0	11.440	12.040	0	0	0	0	0
有色金属冶炼和压延加工业	124.560	41.433	42.425	9.620	9.470	0	0	0	0	0
金属制品业	23.850	39.056	60.032	35.000	36.014	6.624	1.348	0.203	0.159	0
通用设备制造业	0	0	0	0	0	0	0	0	0	0
专用设备制造业	0.012	0	0	0	0	0	0.003	0.004	0.003	0
汽车制造业	33.220	11.965	10.177	4.960	8.710	7.876	6.094	4.345	0.548	0.438
铁路、船舶、航空航天和其他运输设备制造业	0	0	0	0	0	0	0	0	0	0
电气机械和器材制造业	27.386	50.746	442.933	396.687	431.315	30.422	34.445	37.651	57.121	1.555
计算机、通信和其他电子设备制造业	60.800	397.475	7.246	9.653	50.991	0	0	0	0	0
仪器仪表制造业	0	0	1.170	0	0	0	0	0	0	0
其他制造业	0	0	0	0	0	0	0	0	0	0
废弃资源综合利用业	1.320	0.052	0	0	0.040	0	3.852	4.268	3.335	0
金属制品、机械和设备修理业	4.500	4.500	0.200	0	0	0	0	0	0	0
电力、热力生产和供应业	52.094	150.022	288.625	72.686	300.320	5.812	0.880	4.188	2.396	4.490
燃气生产和供应业	0	0	0	0	0	36.463	32.708	36.241	28.316	0
水的生产和供应业	0	0	0	0	0	0	287.521	318.573	248.912	209.356

各工业行业废水中氨氮排放量

单位：t

行业类别名称	2011 年	2012 年	2013 年	2014 年	2015 年	2016 年	2017 年	2018 年	2019 年	2020 年
各工业行业废水中氨氮排放量汇总	**761.884**	**839.930**	**874.058**	**877.000**	**446.454**	**422.555**	**312.698**	**348.295**	**150.931**	**106.912**
农、林、牧、渔专业及辅助性活动	0.890	0.178	0	0.178	0.500	0	0	0	0	8.089
煤炭开采和洗选业	0	0	0	0	0	0	0	0	0	0
石油和天然气开采业	0.440	0.008	0	1.226	3.213	0	0	0	0	0.023
黑色金属矿采选业	3.676	3.096	3.548	5.861	3.000	1.782	1.039	1.321	3.976	1.599
有色金属矿采选业	8.548	9.420	8.840	7.840	7.843	0	0	0	0	0.001
非金属矿采选业	0.263	0.579	0.568	1.083	0.520	0	0	0	0	0
开采专业及辅助性活动	0	0	0	0	0	0	0	0	0	0
其他采矿业	0.274	0	0	0	0	0	0	0	0	0
农副食品加工业	198.900	158.860	192.407	187.597	172.139	100.437	53.118	65.040	57.450	32.103
食品制造业	17.879	4.771	3.784	1.495	2.395	1.105	2.695	3.120	28.073	2.787
酒、饮料和精制茶制造业	11.512	14.795	17.373	14.338	17.417	0.804	1.591	1.919	0.991	1.693
烟草制品业	0.020	0.156	0.206	0.149	0.120	0	1.038	0.153	0.342	0.406
纺织业	2.523	10.923	3.403	3.120	1.120	0.157	0.118	0.132	0.052	0.021
纺织服装、服饰业	0	0	0	0	0	0	0.124	0.138	0.060	0
皮革、毛皮、羽毛及其制品和制鞋业	0	0	0	0	1.018	0	0	0	0	0
木材加工和木、竹、藤、棕、草制品业	1.790	1.540	4.480	0.155	1.990	0	0	0	0	0
家具制造业	0	0	0	0	0	0	0	0	0	0
造纸和纸制品业	449.941	490.482	523.851	525.351	76.565	77.765	72.193	73.744	32.255	27.742
印刷和记录媒介复制业	0.910	0	0.005	0.002	0.108	0.002	0.047	0.001	0.003	0.023
文教、工美、体育和娱乐用品制造业	0	0	0	0	0	0	0	0	0	0
石油、煤炭及其他燃料加工业	5.310	2.091	1.523	6.450	2.840	9.596	2.619	1.264	3.141	1.681
化学原料和化学制品制造业	43.732	46.140	50.762	63.968	75.679	220.066	165.298	183.958	13.141	23.807

行业类别名称	2011 年	2012 年	2013 年	2014 年	2015 年	2016 年	2017 年	2018 年	2019 年	2020 年
医药制造业	1.337	5.963	5.025	5.657	8.721	6.945	3.049	6.882	6.476	1.224
化学纤维制造业	1.755	0.218	0.144	0	0	0	0	0	0	0
橡胶和塑料制品业	0.857	11.421	7.028	11.788	7.703	0.025	0.029	0.040	0.026	0.186
非金属矿物制品业	1.851	49.246	7.614	7.039	11.728	0	0.032	0.035	0.015	0
黑色金属冶炼和压延加工业	1.360	0.300	0	0.010	1.900	0	0	0	0	0
有色金属冶炼和压延加工业	0.498	0.561	0.541	0.483	0.480	0	0	0	0	0
金属制品业	0.390	4.963	14.272	14.120	16.349	1.681	0.078	0	0	0
通用设备制造业	0	0	0	0	0	0	0	0	0	0
专用设备制造业	0.001	0	0	0	0	0	0	0	0	0
汽车制造业	0.270	2.925	2.488	2.214	0.075	0	0	0	0	0.018
铁路、船舶、航空航天和其他运输设备制造业	0	0	0	0	0	0	0	0	0	0
电气机械和器材制造业	2.309	3.061	3.353	12.297	7.742	0.894	0.719	0.463	0.485	0.041
计算机、通信和其他电子设备制造业	0.632	6.051	0.580	0.618	2.466	0	0	0	0	0
仪器仪表制造业	0	0	0.094	0	0	0	0	0	0	0
其他制造业	0	0	0	0	0	0	0	0	0	0
废弃资源综合利用业	0.014	0.013	0	0	0.005	0	0.062	0.069	0.030	0
金属制品、机械和设备修理业	0	0	0.010	0	0	0	0	0	0	0
电力、热力生产和供应业	4.002	12.170	22.160	3.960	22.820	0.520	0.106	0.278	0.196	0.279
燃气生产和供应业	0	0	0	0	0	0.775	0.573	0.638	0.277	0
水的生产和供应业	0	0	0	0	0	0	8.169	9.099	3.943	5.189

各工业行业废水中总氮排放量

单位：t

行业类别名称	2011 年	2012 年	2013 年	2014 年	2015 年	2016 年	2017 年	2018 年	2019 年	2020 年
各工业行业废水中总氮排放量汇总	/	/	/	/	**968.539**	**1915.675**	**1132.988**	**1384.270**	**1224.270**	**525.890**
农、林、牧、渔专业及辅助性活动	/	/	/	/	0.500	0	0	0	0	30.509
煤炭开采和洗选业	/	/	/	/	0	0	0	0	0	0
石油和天然气开采业	/	/	/	/	6.112	0	0	0	0	0.668
黑色金属矿采选业	/	/	/	/	3.000	1.232	1.039	7.312	7.968	2.807
有色金属矿采选业	/	/	/	/	15.740	0	0	0	0	0.001
非金属矿采选业	/	/	/	/	2.190	0	0	0	0	0
开采专业及辅助性活动	/	/	/	/	0	0	0	0	0	0
其他采矿业	/	/	/	/	0	0	0	0	0	0
农副食品加工业	/	/	/	/	454.049	500.610	150.707	188.243	153.968	82.782
食品制造业	/	/	/	/	2.696	13.376	7.747	8.749	14.099	4.112
酒、饮料和精制茶制造业	/	/	/	/	33.635	4.660	12.124	22.640	19.772	11.581
烟草制品业	/	/	/	/	0.120	0	1.038	0.661	0.296	1.518
纺织业	/	/	/	/	3.325	0.304	0.198	0.241	0.214	0.136
纺织服装、服饰业	/	/	/	/	0	0	0.915	1.119	0.989	0
皮革、毛皮、羽毛及其制品和制鞋业	/	/	/	/	1.576	0	0	0	0	0
木材加工和木、竹、藤、棕、草制品业	/	/	/	/	4.270	0	0	0	0	0
家具制造业	/	/	/	/	0	0	0	0	0	0
造纸和纸制品业	/	/	/	/	137.076	123.187	129.494	134.322	105.451	159.179
印刷和记录媒介复制业	/	/	/	/	1.142	0.026	0.047	0.044	0.053	0.197
文教、工美、体育和娱乐用品制造业	/	/	/	/	0	0	0	0	0	0
石油、煤炭及其他燃料加工业	/	/	/	/	5.466	51.340	139.042	169.878	150.247	32.300
化学原料和化学制品制造业	/	/	/	/	188.412	940.158	555.259	678.482	594.109	127.442

行业类别名称	2011 年	2012 年	2013 年	2014 年	2015 年	2016 年	2017 年	2018 年	2019 年	2020 年
医药制造业	/	/	/	/	13.442	82.025	15.317	30.560	37.699	10.530
化学纤维制造业	/	/	/	/	0	0	0	0	0	0
橡胶和塑料制品业	/	/	/	/	9.120	0.317	0.297	0.387	0.369	1.426
非金属矿物制品业	/	/	/	/	24.914	0	0.125	0.153	0.136	0
黑色金属冶炼和压延加工业	/	/	/	/	3.120	0	0	0	0	0
有色金属冶炼和压延加工业	/	/	/	/	0.610	0	0	0	0	0
金属制品业	/	/	/	/	16.349	13.302	0.618	0	0	0
通用设备制造业	/	/	/	/	0	0	0	0	0	0
专用设备制造业	/	/	/	/	0	0	0	0	0	0
汽车制造业	/	/	/	/	0.160	1.143	0.668	0.779	0.448	0.145
铁路、船舶、航空航天和其他运输设备制造业	/	/	/	/	0	0	0	0	0	0
电气机械和器材制造业	/	/	/	/	11.373	8.276	14.502	13.730	26.157	0.460
计算机、通信和其他电子设备制造业	/	/	/	/	2.466	0	0	0	0	0
仪器仪表制造业	/	/	/	/	0	0	0	0	0	0
其他制造业	/	/	/	/	0	0	0	0	0	0
废弃资源综合利用业	/	/	/	/	0.030	0	0.144	0.175	0.155	0
金属制品、机械和设备修理业	/	/	/	/	0	0	0	0	0	0
电力、热力生产和供应业	/	/	/	/	27.647	0.775	0.106	0.219	0.190	0.975
燃气生产和供应业	/	/	/	/	0	0.969	0.573	0.700	0.619	0
水的生产和供应业	/	/	/	/	0	173.975	103.027	125.875	111.329	59.122

各工业行业废水中总磷排放量

单位：t

行业类别名称	2011年	2012年	2013年	2014年	2015年	2016年	2017年	2018年	2019年	2020年
各工业行业废水中总磷排放量汇总	/	/	/	/	**86.232**	**131.207**	**39.019**	**48.492**	**54.188**	**24.618**
农、林、牧、渔专业及辅助性活动	/	/	/	/	0	0	0	0	0	8.027
煤炭开采和洗选业	/	/	/	/	0	0	0	0	0	0
石油和天然气开采业	/	/	/	/	0.900	0	0	0	0	0.003
黑色金属矿采选业	/	/	/	/	0	0	0	0	0	0.167
有色金属矿采选业	/	/	/	/	0.527	0	0	0	0	0
非金属矿采选业	/	/	/	/	0	0	0	0	0	0
开采专业及辅助性活动	/	/	/	/	0	0	0	0	0	0
其他采矿业	/	/	/	/	0	0	0	0	0	0
农副食品加工业	/	/	/	/	45.973	70.710	24.083	30.738	33.666	8.140
食品制造业	/	/	/	/	0.602	6.202	1.954	2.271	2.522	0.277
酒、饮料和精制茶制造业	/	/	/	/	6.361	1.033	0.954	1.299	1.655	0.435
烟草制品业	/	/	/	/	0	0	0	0	0	0.041
纺织业	/	/	/	/	1.070	0	0.011	0.014	0.008	0.014
纺织服装、服饰业	/	/	/	/	0	0	0.275	0.342	0.382	0
皮革、毛皮、羽毛及其制品和制鞋业	/	/	/	/	1.300	0	0	0	0	0
木材加工和木、竹、藤、棕、草制品业	/	/	/	/	0.005	0	0	0	0	0
家具制造业	/	/	/	/	0	0	0	0	0	0
造纸和纸制品业	/	/	/	/	4.100	10.825	3.219	4.001	4.476	0.010
印刷和记录媒介复制业	/	/	/	/	0	0	0	0	0	0.006
文教、工美、体育和娱乐用品制造业	/	/	/	/	0	0	0	0	0	0
石油、煤炭及其他燃料加工业	/	/	/	/	0	0.023	0.010	0.388	0.373	0.634
化学原料和化学制品制造业	/	/	/	/	8.378	24.953	1.821	1.551	1.197	3.053

行业类别名称	2011 年	2012 年	2013 年	2014 年	2015 年	2016 年	2017 年	2018 年	2019 年	2020 年
医药制造业	/	/	/	/	3.056	1.820	1.386	1.188	2.708	0.339
化学纤维制造业	/	/	/	/	0	0	0	0	0	0
橡胶和塑料制品业	/	/	/	/	1.037	0.007	0.010	0.032	0.101	0.062
非金属矿物制品业	/	/	/	/	10.310	0	0.004	0.005	0.006	0
黑色金属冶炼和压延加工业	/	/	/	/	2.000	0	0	0	0	0
有色金属冶炼和压延加工业	/	/	/	/	0	0	0	0	0	0
金属制品业	/	/	/	/	0	0	0.018	0.022	0.025	0
通用设备制造业	/	/	/	/	0	0	0	0	0	0
专用设备制造业	/	/	/	/	0	0	0	0	0	0
汽车制造业	/	/	/	/	0.024	0	0.031	0.038	0.043	0.004
铁路、船舶、航空航天和其他运输设备制造业	/	/	/	/	0	0	0	0	0	0
电气机械和器材制造业	/	/	/	/	0.088	0.219	0.644	0.888	0.640	0.014
计算机、通信和其他电子设备制造业	/	/	/	/	0	0	0	0	0	0
仪器仪表制造业	/	/	/	/	0	0	0	0	0	0
其他制造业	/	/	/	/	0	0	0	0	0	0
废弃资源综合利用业	/	/	/	/	0	0	0.006	0.008	0.009	0
金属制品、机械和设备修理业	/	/	/	/	0	0	0	0	0	0
电力、热力生产和供应业	/	/	/	/	0.500	0	0	0	0	0.034
燃气生产和供应业	/	/	/	/	0	0	0	0	0	0
水的生产和供应业	/	/	/	/	0	15.415	4.592	5.706	6.377	3.358

各工业行业废水中石油类排放量

单位：t

行业类别名称	2011 年	2012 年	2013 年	2014 年	2015 年	2016 年	2017 年	2018 年	2019 年	2020 年
各工业行业废水中石油类排放量汇总	**4.278**	**3.401**	**8.513**	**47.162**	**47.958**	**6.588**	**11.326**	**16.742**	**10.110**	**0.839**
农、林、牧、渔专业及辅助性活动	0	0	0	0	0	0	0	0	0	0.001
煤炭开采和洗选业	0	0	0	0	0	0	0	0	0	0
石油和天然气开采业	0	0	0	0	…	0	0	0	0	0.003
黑色金属矿采选业	0	0	0	43.872	44.040	3.891	6.056	8.952	5.406	0.068
有色金属矿采选业	0	0	0	0	0	0	0	0	0	0
非金属矿采选业	0	0	0	0	0	0.006	0.011	0.016	0.010	0
开采专业及辅助性活动	0	0	0	0	0	0	0	0	0	0
其他采矿业	0	0	0	0	0	0	0	0	0	0
农副食品加工业	0	0.358	0.303	0.310	0	0.008	0.013	0.019	0.012	0.001
食品制造业	0	0	0	0	0.030	0.008	0.134	0.198	0.120	0.004
酒、饮料和精制茶制造业	0	2.176	0.399	0.031	0.044	0.002	0.004	0.006	0.004	0
烟草制品业	0	0	0.001	0	0	0	0	0	0	0
纺织业	0	0	0	0	0	0	0	0	0	0
纺织服装、服饰业	0	0	0	0	0	0	0	0	0	0
皮革、毛皮、羽毛及其制品和制鞋业	0	0	0	0	0	0	0	0	0	0
木材加工和木、竹、藤、棕、草制品业	0	0	0	0	0.026	0	0	0	0	0
家具制造业	0	0	0	0	0	0	0	0	0	0
造纸和纸制品业	0	0	0	0	0	0.044	0.076	0.112	0.068	0
印刷和记录媒介复制业	0.040	0	0	0	0	0.102	0.027	0.001	…	0
文教、工美、体育和娱乐用品制造业	0	0	0	0	0	0	0	0	0	0
石油、煤炭及其他燃料加工业	0.310	0.041	0.100	1.200	0.702	1.074	3.109	4.719	2.850	0.100
化学原料和化学制品制造业	0.121	0.011	0.008	0.093	1.322	0.961	1.650	2.425	1.469	0.626

行业类别名称	2011 年	2012 年	2013 年	2014 年	2015 年	2016 年	2017 年	2018 年	2019 年	2020 年
医药制造业	1.360	0.345	0.421	0.035	0.104	0.021	0.003	0	0	0
化学纤维制造业	0.050	0.104	6.759	0	0	0	0	0	0	0
橡胶和塑料制品业	0	0	0.005	0.001	0.040	0.059	0.053	0.037	0.020	0.022
非金属矿物制品业	0	0	0.004	0	0	0.004	0.007	0.010	0.006	0
黑色金属冶炼和压延加工业	0	0	0	0	0	0	0	0	0	0
有色金属冶炼和压延加工业	0	0	0	1.500	1.460	0	0	0	0	0
金属制品业	0	0.014	0.300	0	0	0.029	0.050	0.074	0.045	0
通用设备制造业	0	0	0	0	0	0	0	0	0	0
专用设备制造业	0	0	0	0	0	0	…	…	…	0
汽车制造业	1.780	0.155	0.151	0.077	0.160	0.311	0.019	0.003	…	0.002
铁路、船舶、航空航天和其他运输设备制造业	0	0	0	0	0	0	0	0	0	0
电气机械和器材制造业	0.550	0.161	0.029	0.006	0	0.003	0.005	0.007	0.004	0
计算机、通信和其他电子设备制造业	0.030	0	0	…	0.004	0	0	0	0	0
仪器仪表制造业	0	0	0	0	0	0	0	0	0	0
其他制造业	0	0	0	0	0	0	0	0	0	0
废弃资源综合利用业	0	0	0	0	0	0.046	0.079	0.117	0.071	0
金属制品、机械和设备修理业	0	0	0	0	0	0	0	0	0	0
电力、热力生产和供应业	0.037	0.037	0.034	0.036	0.026	0.001	0.002	0.003	0.001	0.011
燃气生产和供应业	0	0	0	0	0	0.017	0.030	0.044	0.027	0
水的生产和供应业	0	0	0	0	0	0	0	0	0	0.001

各工业行业废水中挥发酚排放量

单位：kg

行业类别名称	2011 年	2012 年	2013 年	2014 年	2015 年	2016 年	2017 年	2018 年	2019 年	2020 年
各工业行业废水中挥发酚排放量汇总	**61.740**	**43.987**	**0**	**100.000**	**1.180**	**0**	**1760.406**	**2292.945**	**11610.319**	**305.192**
农、林、牧、渔专业及辅助性活动	0	0	0	0	0	0	0	0	0	0
煤炭开采和洗选业	0	0	0	0	0	0	0	0	0	0
石油和天然气开采业	0	0	0	0	0	0	0	0	0	0
黑色金属矿采选业	0	0	0	0	0	0	0	0	0	0
有色金属矿采选业	0	0	0	0	0	0	0	0	0	0
非金属矿采选业	0	0	0	0	0	0	0	0	0	0
开采专业及辅助性活动	0	0	0	0	0	0	0	0	0	0
其他采矿业	0	0	0	0	0	0	0	0	0	0
农副食品加工业	0	0	0	0	0	0	0	0	0	0
食品制造业	0	0	0	0	0	0	0	0	0	0
酒、饮料和精制茶制造业	0	0	0	0	0	0	0	0	0	0
烟草制品业	0	0	0	0	0	0	0	0	0	0
纺织业	0	0	0	0	0	0	0	0	0	0
纺织服装、服饰业	0	0	0	0	0	0	0	0	0	0
皮革、毛皮、羽毛及其制品和制鞋业	0	0	0	0	0	0	0	0	0	0
木材加工和木、竹、藤、棕、草制品业	0	0	0	0	0	0	0	0	0	0
家具制造业	0	0	0	0	0	0	0	0	0	0
造纸和纸制品业	61.720	43.987	0	0	0	0	1499.773	1896.210	8972.110	0
印刷和记录媒介复制业	0	0	0	0	0	0	0	0	0	0
文教、工美、体育和娱乐用品制造业	0	0	0	0	0	0	0	0	0	0
石油、煤炭及其他燃料加工业	0.020	0	0	0	0	0	259.763	395.650	2638.209	93.315
化学原料和化学制品制造业	0	0	0	0	0	0	0.038	0	0	211.877

行业类别名称	2011 年	2012 年	2013 年	2014 年	2015 年	2016 年	2017 年	2018 年	2019 年	2020 年
医药制造业	0	0	0	0	0.100	0	0	0	0	0
化学纤维制造业	0	0	0	0	0	0	0	0	0	0
橡胶和塑料制品业	0	0	0	0	0	0	0	0	0	0
非金属矿物制品业	0	0	0	0	0	0	0	0	0	0
黑色金属冶炼和压延加工业	0	0	0	0	0	0	0	0	0	0
有色金属冶炼和压延加工业	0	0	0	100.000	1.080	0	0	0	0	0
金属制品业	0	0	0	0	0	0	0	0	0	0
通用设备制造业	0	0	0	0	0	0	0	0	0	0
专用设备制造业	0	0	0	0	0	0	0	0	0	0
汽车制造业	0	0	0	0	0	0	0	0	0	0
铁路、船舶、航空航天和其他运输设备制造业	0	0	0	0	0	0	0	0	0	0
电气机械和器材制造业	0	0	0	0	0	0	0	0	0	0
计算机、通信和其他电子设备制造业	0	0	0	0	0	0	0	0	0	0
仪器仪表制造业	0	0	0	0	0	0	0	0	0	0
其他制造业	0	0	0	0	0	0	0	0	0	0
废弃资源综合利用业	0	0	0	0	0	0	0	0	0	0
金属制品、机械和设备修理业	0	0	0	0	0	0	0	0	0	0
电力、热力生产和供应业	0	0	0	0	0	0	0	0	0	0
燃气生产和供应业	0	0	0	0	0	0	0.833	1.085	0	0
水的生产和供应业	0	0	0	0	0	0	0	0	0	0

各工业行业废水中氰化物排放量

单位：kg

行业类别名称	2011 年	2012 年	2013 年	2014 年	2015 年	2016 年	2017 年	2018 年	2019 年	2020 年
各工业行业废水中氰化物排放量汇总	**34.480**	**0**	**0**	**0**	**…**	**0**	**2.851**	**0**	**0**	**33.058**
农、林、牧、渔专业及辅助性活动	0	0	0	0	0	0	0	0	0	0
煤炭开采和洗选业	0	0	0	0	0	0	0	0	0	0
石油和天然气开采业	0	0	0	0	0	0	0	0	0	0
黑色金属矿采选业	0	0	0	0	0	0	0	0	0	0
有色金属矿采选业	0	0	0	0	0	0	0	0	0	0
非金属矿采选业	0	0	0	0	0	0	0	0	0	0
开采专业及辅助性活动	0	0	0	0	0	0	0	0	0	0
其他采矿业	0	0	0	0	0	0	0	0	0	0
农副食品加工业	2.000	0	0	0	0	0	0	0	0	0
食品制造业	0	0	0	0	0	0	0	0	0	0
酒、饮料和精制茶制造业	0	0	0	0	0	0	0	0	0	0
烟草制品业	0	0	0	0	0	0	0	0	0	0
纺织业	0	0	0	0	0	0	0	0	0	0
纺织服装、服饰业	0	0	0	0	0	0	0	0	0	0
皮革、毛皮、羽毛及其制品和制鞋业	0	0	0	0	0	0	0	0	0	0
木材加工和木、竹、藤、棕、草制品业	0	0	0	0	0	0	0	0	0	0
家具制造业	0	0	0	0	0	0	0	0	0	0
造纸和纸制品业	17.000	0	0	0	0	0	0	0	0	0
印刷和记录媒介复制业	0	0	0	0	0	0	0	0	0	0
文教、工美、体育和娱乐用品制造业	0	0	0	0	0	0	0	0	0	0
石油、煤炭及其他燃料加工业	0	0	0	0	0	0	1.715	0	0	33.058
化学原料和化学制品制造业	0	0	0	0	0	0	0	0	0	0

行业类别名称	2011 年	2012 年	2013 年	2014 年	2015 年	2016 年	2017 年	2018 年	2019 年	2020 年
医药制造业	0	0	0	0	…	0	0.008	0	0	0
化学纤维制造业	0	0	0	0	0	0	0	0	0	0
橡胶和塑料制品业	0	0	0	0	0	0	0	0	0	0
非金属矿物制品业	0	0	0	0	0	0	0	0	0	0
黑色金属冶炼和压延加工业	0	0	0	0	0	0	0	0	0	0
有色金属冶炼和压延加工业	0	0	0	0	0	0	0	0	0	0
金属制品业	0	0	0	0	0	0	0	0	0	0
通用设备制造业	0	0	0	0	0	0	0	0	0	0
专用设备制造业	0	0	0	0	0	0	0	0	0	0
汽车制造业	0	0	0	0	0	0	0	0	0	0
铁路、船舶、航空航天和其他运输设备制造业	0	0	0	0	0	0	0	0	0	0
电气机械和器材制造业	0	0	0	0	0	0	0	0	0	0
计算机、通信和其他电子设备制造业	15.480	0	0	0	0	0	0	0	0	0
仪器仪表制造业	0	0	0	0	0	0	0	0	0	0
其他制造业	0	0	0	0	0	0	0	0	0	0
废弃资源综合利用业	0	0	0	0	0	0	0	0	0	0
金属制品、机械和设备修理业	0	0	0	0	0	0	0	0	0	0
电力、热力生产和供应业	0	0	0	0	0	0	0	0	0	0
燃气生产和供应业	0	0	0	0	0	0	1.128	0	0	0
水的生产和供应业	0	0	0	0	0	0	0	0	0	0

各工业行业废水中总砷排放量

单位：kg

行业类别名称	2011 年	2012 年	2013 年	2014 年	2015 年	2016 年	2017 年	2018 年	2019 年	2020 年
各工业行业废水中总砷排放量汇总	**26.500**	**13.477**	**1.077**	**11.833**	**5.566**	**0.060**	**0.100**	**0.150**	**0.200**	**6.110**
农、林、牧、渔专业及辅助性活动	0	0	0	0	0	0	0	0	0	0
煤炭开采和洗选业	0	0	0	0	0	0	0	0	0	0
石油和天然气开采业	0	0	0	0	0	0	0	0	0	0
黑色金属矿采选业	12.800	12.800	0.180	11.699	4.480	0	0	0	0	5.403
有色金属矿采选业	0.100	0.100	0	0.134	1.086	0.060	0	0.150	0.200	0.705
非金属矿采选业	0	0	0	0	0	0	0	0	0	0
开采专业及辅助性活动	0	0	0	0	0	0	0	0	0	0
其他采矿业	0	0	0	0	0	0	0	0	0	0
农副食品加工业	0	0	0	0	0	0	0	0	0	0
食品制造业	0	0	0	0	0	0	0	0	0	0
酒、饮料和精制茶制造业	0	0	0	0	0	0	0	0	0	0
烟草制品业	0	0	0	0	0	0	0	0	0	0
纺织业	0	0	0	0	0	0	0	0	0	0
纺织服装、服饰业	0	0	0	0	0	0	0	0	0	0
皮革、毛皮、羽毛及其制品和制鞋业	0	0	0	0	0	0	0	0	0	0
木材加工和木、竹、藤、棕、草制品业	0	0	0	0	0	0	0	0	0	0
家具制造业	0	0	0	0	0	0	0	0	0	0
造纸和纸制品业	0	0	0	0	0	0	0	0	0	0
印刷和记录媒介复制业	0	0	0	0	0	0	0	0	0	0
文教、工美、体育和娱乐用品制造业	0	0	0	0	0	0	0	0	0	0
石油、煤炭及其他燃料加工业	0	0	0	0	0	0	0.063	0	0	0
化学原料和化学制品制造业	0.300	0.300	0	0	0	0	0	0	0	0

行业类别名称	2011年	2012年	2013年	2014年	2015年	2016年	2017年	2018年	2019年	2020年
医药制造业	0	0	0	0	…	0	0.006	0	0	0
化学纤维制造业	0.120	0.120	0	0	0	0	0	0	0	0
橡胶和塑料制品业	0	0	0	0	0	0	0	0	0	0
非金属矿物制品业	0	0	0	0	0	0	0	0	0	0
黑色金属冶炼和压延加工业	0	0	0	0	0	0	0	0	0	0
有色金属冶炼和压延加工业	13.180	0.157	0.107	0	0	0	0	0	0	0
金属制品业	0	0	0	0	0	0	0	0	0	0
通用设备制造业	0	0	0	0	0	0	0	0	0	0
专用设备制造业	0	0	0	0	0	0	0	0	0	0
汽车制造业	0	0	0	0	0	0	0	0	0	0.002
铁路、船舶、航空航天和其他运输设备制造业	0	0	0	0	0	0	0	0	0	0
电气机械和器材制造业	0	0	0	0	0	0	0.031	0	0	0
计算机、通信和其他电子设备制造业	0	0	0	0	0	0	0	0	0	0
仪器仪表制造业	0	0	0	0	0	0	0	0	0	0
其他制造业	0	0	0	0	0	0	0	0	0	0
废弃资源综合利用业	0	0	0	0	0	0	0	0	0	0
金属制品、机械和设备修理业	0	0	0	0	0	0	0	0	0	0
电力、热力生产和供应业	0	0	0.790	0	0	0	0	0	0	0
燃气生产和供应业	0	0	0	0	0	0	0	0	0	0
水的生产和供应业	0	0	0	0	0	0	0	0	0	0

各工业行业废水中总铅排放量

单位：kg

行业类别名称	2011 年	2012 年	2013 年	2014 年	2015 年	2016 年	2017 年	2018 年	2019 年	2020 年
各工业行业废水中总铅排放量汇总	**25.350**	**1.664**	**3.233**	**0.023**	**0.810**	**38.046**	**10.983**	**75.064**	**80.998**	**2.802**
农、林、牧、渔专业及辅助性活动	0	0	0	0	0	0	0	0	0	0
煤炭开采和洗选业	0	0	0	0	0	0	0	0	0	0
石油和天然气开采业	0	0	0	0	0	0	0	0	0	0
黑色金属矿采选业	0.200	0.200	0	0	0.810	38.046	10.956	34.900	38.900	2.701
有色金属矿采选业	0.100	0.100	0	0.023	0	0	0	39.980	41.900	0.090
非金属矿采选业	0	0	0	0	0	0	0	0	0	0
开采专业及辅助性活动	0	0	0	0	0	0	0	0	0	0
其他采矿业	0	0	0	0	0	0	0	0	0	0
农副食品加工业	0	0	0	0	0	0	0	0	0	0
食品制造业	0	0	0	0	0	0	0	0	0	0
酒、饮料和精制茶制造业	0	0	0	0	0	0	0	0	0	0
烟草制品业	0	0	0	0	0	0	0	0	0	0
纺织业	0	0	0	0	0	0	0	0	0	0
纺织服装、服饰业	0	0	0	0	0	0	0	0	0	0
皮革、毛皮、羽毛及其制品和制鞋业	0	0	0	0	0	0	0	0	0	0
木材加工和木、竹、藤、棕、草制品业	0	0	0	0	0	0	0	0	0	0
家具制造业	0	0	0	0	0	0	0	0	0	0
造纸和纸制品业	0	0	0	0	0	0	0	0	0	0
印刷和记录媒介复制业	0	0	0	0	0	0	0	0	0	0
文教、工美、体育和娱乐用品制造业	0	0	0	0	0	0	0	0	0	0
石油、煤炭及其他燃料加工业	0	0	0	0	0	0	0.027	0.184	0.198	0
化学原料和化学制品制造业	0.120	0.120	0	0	0	0	0	0	0	0

行业类别名称	2011 年	2012 年	2013 年	2014 年	2015 年	2016 年	2017 年	2018 年	2019 年	2020 年
医药制造业	0	0	0	0	0	0	0	0	0	0
化学纤维制造业	0	0	0	0	0	0	0	0	0	0
橡胶和塑料制品业	0	0	0	0	0	0	0	0	0	0
非金属矿物制品业	0	0	0	0	0	0	0	0	0	0
黑色金属冶炼和压延加工业	0	0	0	0	0	0	0	0	0	0
有色金属冶炼和压延加工业	24.930	1.233	1.083	0	0	0	0	0	0	0
金属制品业	0	0	0	0	0	0	0	0	0	0
通用设备制造业	0	0	0	0	0	0	0	0	0	0
专用设备制造业	0	0	0	0	0	0	0	0	0	0
汽车制造业	0	0.011	0	0	0	0	0	0	0	0
铁路、船舶、航空航天和其他运输设备制造业	0	0	0	0	0	0	0	0	0	0
电气机械和器材制造业	0	0	0	0	0	0	0	0	0	0
计算机、通信和其他电子设备制造业	0	0	0	0	0	0	0	0	0	0
仪器仪表制造业	0	0	0	0	0	0	0	0	0	0
其他制造业	0	0	0	0	0	0	0	0	0	0
废弃资源综合利用业	0	0	0	0	0	0	0	0	0	0
金属制品、机械和设备修理业	0	0	0	0	0	0	0	0	0	0
电力、热力生产和供应业	0	0	2.150	0	0	0	0	0	0	0.011
燃气生产和供应业	0	0	0	0	0	0	0	0	0	0
水的生产和供应业	0	0	0	0	0	0	0	0	0	0

各工业行业废水中总镉排放量

单位：kg

行业类别名称	2011 年	2012 年	2013 年	2014 年	2015 年	2016 年	2017 年	2018 年	2019 年	2020 年
各工业行业废水中总镉排放量汇总	**4.704**	**0.741**	**1.140**	**0.001**	**0.870**	**3.324**	**0.788**	**3.832**	**1.945**	**0.138**
农、林、牧、渔专业及辅助性活动	0	0	0	0	0	0	0	0	0	0
煤炭开采和洗选业	0	0	0	0	0	0	0	0	0	0
石油和天然气开采业	0	0	0	0	0	0	0	0	0	0
黑色金属矿采选业	0.065	0.065	0	0	0.870	3.324	0.783	2.717	1.925	0
有色金属矿采选业	0.050	0.050	0	0.001	0	0	0	1.090	0.007	0.034
非金属矿采选业	0	0	0	0	0	0	0	0	0	0
开采专业及辅助性活动	0	0	0	0	0	0	0	0	0	0
其他采矿业	0	0	0	0	0	0	0	0	0	0
农副食品加工业	0	0	0	0	0	0	0	0	0	0
食品制造业	0	0	0	0	0	0	0	0	0	0
酒、饮料和精制茶制造业	0	0	0	0	0	0	0	0	0	0
烟草制品业	0	0	0	0	0	0	0	0	0	0
纺织业	0	0	0	0	0	0	0	0	0	0
纺织服装、服饰业	0	0	0	0	0	0	0	0	0	0
皮革、毛皮、羽毛及其制品和制鞋业	0	0	0	0	0	0	0	0	0	0
木材加工和木、竹、藤、棕、草制品业	0	0	0	0	0	0	0	0	0	0
家具制造业	0	0	0	0	0	0	0	0	0	0
造纸和纸制品业	0	0	0	0	0	0	0	0	0	0
印刷和记录媒介复制业	0	0	0	0	0	0	0	0	0	0
文教、工美、体育和娱乐用品制造业	0	0	0	0	0	0	0	0	0	0
石油、煤炭及其他燃料加工业	0	0	0	0	0	0	0.001	0.005	0.003	0
化学原料和化学制品制造业	0.060	0.060	0	0	0	0	0	0	0	0

行业类别名称	2011 年	2012 年	2013 年	2014 年	2015 年	2016 年	2017 年	2018 年	2019 年	2020 年
医药制造业	0	0	0	0	0	0	0	0	0	0
化学纤维制造业	0	0	0	0	0	0	0	0	0	0
橡胶和塑料制品业	0	0	0	0	0	0	0	0	0	0
非金属矿物制品业	0	0	0	0	0	0	0	0	0	0
黑色金属冶炼和压延加工业	0	0	0	0	0	0	0	0	0	0
有色金属冶炼和压延加工业	4.529	0.566	0.520	0	0	0	0	0	0	0
金属制品业	0	0	0	0	0	0	0	0	0	0
通用设备制造业	0	0	0	0	0	0	0	0	0	0
专用设备制造业	0	0	0	0	0	0	0	0	0	0
汽车制造业	0	0	0	0	0	0	0	0	0	0
铁路、船舶、航空航天和其他运输设备制造业	0	0	0	0	0	0	0	0	0	0
电气机械和器材制造业	0	0	0	0	0	0	0.004	0.020	0.010	0
计算机、通信和其他电子设备制造业	0	0	0	0	0	0	0	0	0	0
仪器仪表制造业	0	0	0	0	0	0	0	0	0	0
其他制造业	0	0	0	0	0	0	0	0	0	0
废弃资源综合利用业	0	0	0	0	0	0	0	0	0	0
金属制品、机械和设备修理业	0	0	0	0	0	0	0	0	0	0
电力、热力生产和供应业	0	0	0.620	0	0	0	0	0	0	0.104
燃气生产和供应业	0	0	0	0	0	0	0	0	0	0
水的生产和供应业	0	0	0	0	0	0	0	0	0	0

各工业行业废水中总汞排放量

单位：kg

行业类别名称	2011 年	2012 年	2013 年	2014 年	2015 年	2016 年	2017 年	2018 年	2019 年	2020 年
各工业行业废水中总汞排放量汇总	**0.008**	**0.008**	**0.135**	**3.510**	**0.094**	**0**	**0.004**	**0**	**0**	**0.013**
农、林、牧、渔专业及辅助性活动	0	0	0	0	0	0	0	0	0	0
煤炭开采和洗选业	0	0	0	0	0	0	0	0	0	0
石油和天然气开采业	0	0	0	0	0	0	0	0	0	0
黑色金属矿采选业	0	0	0	3.510	0	0	0	0	0	0
有色金属矿采选业	0.005	0.005	0	0	0.094	0	0	0	0	0.002
非金属矿采选业	0	0	0	0	0	0	0	0	0	0
开采专业及辅助性活动	0	0	0	0	0	0	0	0	0	0
其他采矿业	0	0	0	0	0	0	0	0	0	0
农副食品加工业	0	0	0	0	0	0	0	0	0	0
食品制造业	0	0	0	0	0	0	0	0	0	0
酒、饮料和精制茶制造业	0	0	0	0	0	0	0	0	0	0
烟草制品业	0	0	0	0	0	0	0	0	0	0
纺织业	0	0	0	0	0	0	0	0	0	0
纺织服装、服饰业	0	0	0	0	0	0	0	0	0	0
皮革、毛皮、羽毛及其制品和制鞋业	0	0	0	0	0	0	0	0	0	0
木材加工和木、竹、藤、棕、草制品业	0	0	0	0	0	0	0	0	0	0
家具制造业	0	0	0	0	0	0	0	0	0	0
造纸和纸制品业	0	0	0	0	0	0	0	0	0	0
印刷和记录媒介复制业	0	0	0	0	0	0	0	0	0	0
文教、工美、体育和娱乐用品制造业	0	0	0	0	0	0	0	0	0	0
石油、煤炭及其他燃料加工业	0	0	0	0	0	0	0	0	0	0
化学原料和化学制品制造业	0	0	0	0	0	0	0	0	0	0

行业类别名称	2011 年	2012 年	2013 年	2014 年	2015 年	2016 年	2017 年	2018 年	2019 年	2020 年
医药制造业	0	0	0	0	0	0	0.004	0	0	0
化学纤维制造业	0.003	0.003	0	0	0	0	0	0	0	0
橡胶和塑料制品业	0	0	0	0	0	0	0	0	0	0
非金属矿物制品业	0	0	0	0	0	0	0	0	0	0
黑色金属冶炼和压延加工业	0	0	0	0	0	0	0	0	0	0
有色金属冶炼和压延加工业	0	0	0	0	0	0	0	0	0	0
金属制品业	0	0	0	0	0	0	0	0	0	0
通用设备制造业	0	0	0	0	0	0	0	0	0	0
专用设备制造业	0	0	0	0	0	0	0	0	0	0
汽车制造业	0	0	0	0	0	0	0	0	0	0.007
铁路、船舶、航空航天和其他运输设备制造业	0	0	0	0	0	0	0	0	0	0
电气机械和器材制造业	0	0	0	0	0	0	0	0	0	0
计算机、通信和其他电子设备制造业	0	0	0	0	0	0	0	0	0	0
仪器仪表制造业	0	0	0	0	0	0	0	0	0	0
其他制造业	0	0	0	0	0	0	0	0	0	0
废弃资源综合利用业	0	0	0	0	0	0	0	0	0	0
金属制品、机械和设备修理业	0	0	0	0	0	0	0	0	0	0
电力、热力生产和供应业	0	0	0.135	0	0	0	0	0	0	0.004
燃气生产和供应业	0	0	0	0	0	0	0	0	0	0
水的生产和供应业	0	0	0	0	0	0	0	0	0	0

各工业行业废水中总铬排放量

单位：kg

行业类别名称	2011 年	2012 年	2013 年	2014 年	2015 年	2016 年	2017 年	2018 年	2019 年	2020 年
各工业行业废水中总铬排放量汇总	**131.332**	**131.404**	**121.910**	**98.678**	**36.530**	**10.576**	**10.655**	**6.683**	**7.157**	**24.354**
农、林、牧、渔专业及辅助性活动	0	0	0	0	0	0	0	0	0	0
煤炭开采和洗选业	0	0	0	0	0	0	0	0	0	0
石油和天然气开采业	0	0	0	0	0	0	0	0	0	0
黑色金属矿采选业	0	0	0	0	34.340	5.653	4.696	6.683	7.157	24.313
有色金属矿采选业	0	0.120	0	0.018	0	0	0	0	0	0.041
非金属矿采选业	0	0	0	0	0	0	0	0	0	0
开采专业及辅助性活动	0	0	0	0	0	0	0	0	0	0
其他采矿业	0	0	0	0	0	0	0	0	0	0
农副食品加工业	0	0	0	0	0	0	0	0	0	0
食品制造业	0	0	0	0	0	0	0	0	0	0
酒、饮料和精制茶制造业	0	0	0	0	0	0	0	0	0	0
烟草制品业	0	0	0	0	0	0	0	0	0	0
纺织业	0	0	0	0	0	0	0	0	0	0
纺织服装、服饰业	0	0	0	0	0	0	0	0	0	0
皮革、毛皮、羽毛及其制品和制鞋业	0	0	0	0	0	0	0	0	0	0
木材加工和木、竹、藤、棕、草制品业	0	0	0	0	0	0	0	0	0	0
家具制造业	0	0	0	0	0	0	0	0	0	0
造纸和纸制品业	0	0	0	0	0	0	0	0	0	0
印刷和记录媒介复制业	0	0	0	0	0	0	0	0	0	0
文教、工美、体育和娱乐用品制造业	0	0	0	0	0	0	0	0	0	0
石油、煤炭及其他燃料加工业	0	0	0	0	0	0	0	0	0	0
化学原料和化学制品制造业	0.140	0.140	0	0	0	0	0	0	0	0

行业类别名称	2011 年	2012 年	2013 年	2014 年	2015 年	2016 年	2017 年	2018 年	2019 年	2020 年
医药制造业	0	0	0	0	0	0	0	0	0	0
化学纤维制造业	0	0	0	0	0	0	0	0	0	0
橡胶和塑料制品业	0	0	0	0	0	0	0	0	0	0
非金属矿物制品业	0	0	0	0	0	0	0	0	0	0
黑色金属冶炼和压延加工业	0	0	0	0	0	0	0	0	0	0
有色金属冶炼和压延加工业	0	0	0	0	0	0	0	0	0	0
金属制品业	131.096	131.144	120.000	98.660	2.190	4.923	5.960	0	0	0
通用设备制造业	0	0	0	0	0	0	0	0	0	0
专用设备制造业	0	0	0	0	0	0	0	0	0	0
汽车制造业	0.096	0	0	0	0	0	0	0	0	0
铁路、船舶、航空航天和其他运输设备制造业	0	0	0	0	0	0	0	0	0	0
电气机械和器材制造业	0	0	0	0	0	0	0	0	0	0
计算机、通信和其他电子设备制造业	0	0	0	0	0	0	0	0	0	0
仪器仪表制造业	0	0	0	0	0	0	0	0	0	0
其他制造业	0	0	0	0	0	0	0	0	0	0
废弃资源综合利用业	0	0	0	0	0	0	0	0	0	0
金属制品、机械和设备修理业	0	0	0	0	0	0	0	0	0	0
电力、热力生产和供应业	0	0	1.910	0	0	0	0	0	0	0
燃气生产和供应业	0	0	0	0	0	0	0	0	0	0
水的生产和供应业	0	0	0	0	0	0	0	0	0	0

各工业行业废水中六价铬排放量

单位：kg

行业类别名称	2011 年	2012 年	2013 年	2014 年	2015 年	2016 年	2017 年	2018 年	2019 年	2020 年
各工业行业废水中六价铬排放量汇总	**0**	**0.103**	**0.003**	**0.006**	**3.350**	**9.100**	**1.507**	**1.576**	**1.613**	**5.417**
农、林、牧、渔专业及辅助性活动	0	0	0	0	0	0	0	0	0	0
煤炭开采和洗选业	0	0	0	0	0	0	0	0	0	0
石油和天然气开采业	0	0	0	0	0	0	0	0	0	0
黑色金属矿采选业	0	0	0	0	2.620	0	0	0	0	5.403
有色金属矿采选业	0	0.100	0	0.002	0	0	0	0	0	0.014
非金属矿采选业	0	0	0	0	0	0	0	0	0	0
开采专业及辅助性活动	0	0	0	0	0	0	0	0	0	0
其他采矿业	0	0	0	0	0	0	0	0	0	0
农副食品加工业	0	0	0	0	0	0	0	0	0	0
食品制造业	0	0	0	0	0	0	0	0	0	0
酒、饮料和精制茶制造业	0	0	0	0	0	0	0	0	0	0
烟草制品业	0	0	0	0	0	0	0	0	0	0
纺织业	0	0	0	0	0	0	0	0	0	0
纺织服装、服饰业	0	0	0	0	0	0	0	0	0	0
皮革、毛皮、羽毛及其制品和制鞋业	0	0	0	0	0	0	0	0	0	0
木材加工和木、竹、藤、棕、草制品业	0	0	0	0	0	0	0	0	0	0
家具制造业	0	0	0	0	0	0	0	0	0	0
造纸和纸制品业	0	0	0	0	0	0	0	0	0	0
印刷和记录媒介复制业	0	0	0	0	0	0	0	0	0	0
文教、工美、体育和娱乐用品制造业	0	0	0	0	0	0	0	0	0	0
石油、煤炭及其他燃料加工业	0	0	0	0	0	0	0	0	0	0
化学原料和化学制品制造业	0	0	0	0	0	0	0	0	0	0

行业类别名称	2011 年	2012 年	2013 年	2014 年	2015 年	2016 年	2017 年	2018 年	2019 年	2020 年
医药制造业	0	0	0	0	0	0	0	0	0	0
化学纤维制造业	0	0	0	0	0	0	0	0	0	0
橡胶和塑料制品业	0	0	0	0	0	0	0	0	0	0
非金属矿物制品业	0	0	0	0	0	0	0	0	0	0
黑色金属冶炼和压延加工业	0	0	0	0	0	0	0	0	0	0
有色金属冶炼和压延加工业	0	0	0	0	0	0	0	0	0	0
金属制品业	0	0.003	0.003	0.004	0.730	9.100	1.507	1.576	1.613	0
通用设备制造业	0	0	0	0	0	0	0	0	0	0
专用设备制造业	0	0	0	0	0	0	0	0	0	0
汽车制造业	0	0	0	0	0	0	0	0	0	0
铁路、船舶、航空航天和其他运输设备制造业	0	0	0	0	0	0	0	0	0	0
电气机械和器材制造业	0	0	0	0	0	0	0	0	0	0
计算机、通信和其他电子设备制造业	0	0	0	0	0	0	0	0	0	0
仪器仪表制造业	0	0	0	0	0	0	0	0	0	0
其他制造业	0	0	0	0	0	0	0	0	0	0
废弃资源综合利用业	0	0	0	0	0	0	0	0	0	0
金属制品、机械和设备修理业	0	0	0	0	0	0	0	0	0	0
电力、热力生产和供应业	0	0	0	0	0	0	0	0	0	0
燃气生产和供应业	0	0	0	0	0	0	0	0	0	0
水的生产和供应业	0	0	0	0	0	0	0	0	0	0

1.4 农业源污染排放情况

农业源污水中化学需氧量排放量

单位：t

行政区划名称	2011 年	2012 年	2013 年	2014 年	2015 年	2016 年	2017 年	2018 年	2019 年	2020 年
海南省	**107203.107**	**103069.152**	**101488.608**	**100187.338**	**99192.339**	**7.403**	**6.654**	**27.777**	**83.492**	**84865.190**
海口市	11797.000	11118.300	11099.633	11099.633	10958.000	0	0.414	0.467	0.441	/
三亚市	4195.000	4081.790	3888.000	3848.000	3898.000	0	0	0	0	/
三沙市	/	/	/	/	/	0	0	0	0	/
儋州市	18928.000	15418.850	15271.000	14861.850	14361.000	0	0	0	0	/
洋浦经济开发区	/	/	/	/	/	0	0	0	0	/
五指山市	864.998	763.226	889.000	889.000	887.000	0	0	0	0	/
琼海市	8770.000	8864.660	9225.000	9125.000	9125.000	0	0.014	0	0	/
文昌市	16257.000	18218.500	15303.000	15053.000	14956.000	0	0	0	0	/
万宁市	5687.000	5312.860	5612.000	5322.000	5322.830	0	0	0	0	/
东方市	4902.000	4548.630	4237.990	4337.990	4307.298	0	1.471	1.440	0	/
定安县	6161.480	6190.000	6469.690	6369.000	6366.000	0	0	0	0	/
屯昌县	3576.462	3500.000	3703.000	3602.000	3533.000	0	0	0	0	/
澄迈县	5763.730	5787.000	6045.000	6004.910	5922.170	0	0	0	0	/
临高县	2818.390	2474.700	2613.000	2613.000	2613.000	0	0	0	0	/
白沙黎族自治县	2547.200	2427.000	2334.000	2304.000	2298.000	0	0	1.620	1.350	/
昌江黎族自治县	3028.080	2892.300	3090.000	3060.300	3060.000	4.215	4.755	24.250	81.700	/
乐东黎族自治县	4508.640	4253.156	4349.006	4349.006	4349.020	0	0	0	0	/
陵水黎族自治县	2251.249	2400.030	2494.019	2494.019	2494.019	0	0	0	0	/
保亭黎族苗族自治县	3361.368	3346.150	3322.270	3311.630	3220.000	3.188	0	0	0	/
琼中黎族苗族自治县	1785.510	1472.000	1543.000	1543.000	1522.002	0	0	0	0	/

注：①2011—2015 年农业源污水中化学需氧量排放量统计范围：农业源污染排放情况（农业污染物排放/流失量合计）。

②2016—2019 年农业源污水中化学需氧量排放量统计范围：农业源大型畜禽养殖场污染排放情况。

③2020 年农业源污水中化学需氧量排放量统计范围：农业源畜禽养殖业、水产养殖业污染排放情况。

农业源污水中氨氮排放量

单位：t

行政区划名称	2011 年	2012 年	2013 年	2014 年	2015 年	2016 年	2017 年	2018 年	2019 年	2020 年
海南省	**9444.596**	**9173.533**	**8656.265**	**8529.962**	**8421.073**	**1.587**	**1.317**	**3.315**	**1.098**	**1635.880**
海口市	1126.000	1069.137	1071.546	1053.546	1044.007	0	0.083	0.093	0.088	/
三亚市	410.000	401.400	381.000	379.000	373.000	0	0	0	0	/
三沙市	/	/	/	/	/	0	0	0	0	/
儋州市	1462.000	1313.030	1201.000	1203.230	1149.064	0	0	0	0	/
洋浦经济开发区	/	/	/	/	/	0	0	0	0	/
五指山市	66.724	38.670	70.230	70.000	70.878	0	0	0	0	/
琼海市	745.000	730.100	701.000	695.000	695.000	0	0	0	0	/
文昌市	1045.000	1001.160	900.000	849.000	843.000	0	0	0	0	/
万宁市	587.000	590.400	530.000	511.940	512.240	0	0	0	0	/
东方市	394.003	375.380	362.720	341.865	339.052	0	0.294	0.288	0	/
定安县	450.260	471.700	460.000	456.000	456.000	0	0	0	0	/
屯昌县	307.380	302.450	281.450	278.450	272.180	0	0	0	0	/
澄迈县	540.220	532.810	510.310	500.160	492.970	0	0	0	0	/
临高县	590.250	598.900	570.000	570.000	570.000	0	0	0	0	/
白沙黎族自治县	237.390	228.300	220.300	210.000	210.000	0	0	0.017	0.014	/
昌江黎族自治县	263.000	264.265	260.000	254.990	255.000	0.843	0.939	2.916	0.996	/
乐东黎族自治县	415.000	395.315	380.008	389.008	389.000	0	0	0	0	/
陵水黎族自治县	284.300	365.090	280.531	280.523	280.522	0	0	0	0	/
保亭黎族苗族自治县	354.275	323.276	310.170	316.250	300.000	0.744	0	0	0	/
琼中黎族苗族自治县	166.794	172.150	166.000	171.000	169.160	0	0	0	0	/

注：①2011—2015 年农业源污水中氨氮排放量统计范围：农业源污染排放情况（农业污染物排放/流失量合计）。

②2016—2019 年农业源污水中氨氮排放量统计范围：农业源大型畜禽养殖场污染排放情况。

③2020 年农业源污水中氨氮排放量统计范围：农业源畜禽养殖业、水产养殖业、种植业污染排放情况。

农业源污水中总氮排放量

单位：t

行政区划名称	2011 年	2012 年	2013 年	2014 年	2015 年	2016 年	2017 年	2018 年	2019 年	2020 年
海南省	**38619.027**	**41154.346**	**30646.494**	**40853.956**	**39870.129**	**3.748**	**4.269**	**6.134**	**5.303**	**16715.860**
海口市	5039.881	5109.423	4646.163	4874.201	5029.864	0	0.269	0.303	0.287	/
三亚市	2401.471	818.775	572.050	1726.484	1586.512	0	0	0	0	/
三沙市	/	/	/	/	/	0	0	0	0	/
儋州市	2864.867	2888.262	3051.265	5378.705	5125.080	0	0	0	0	/
洋浦经济开发区	/	/	/	/	/	0	0	0	0	/
五指山市	249.790	227.944	303.374	300.226	319.389	0	0	0	0	/
琼海市	3169.656	3050.163	3055.647	3068.179	3627.759	0	0.001	0	0	/
文昌市	4238.223	13520.688	3462.953	4167.768	3607.019	0	0	0	0	/
万宁市	2276.473	2225.237	2211.038	2343.235	2340.681	0	0	0	0	/
东方市	2012.754	1872.791	2061.713	1900.054	1908.999	0	0.956	0.936	0	/
定安县	2106.405	1336.150	1349.467	2261.168	2251.251	0	0	0	0	/
屯昌县	1411.557	1370.366	1306.748	1371.553	1382.495	0	0	0	0	/
澄迈县	2696.397	995.609	1014.056	2619.243	2973.310	0	0	0	0	/
临高县	3537.653	545.751	529.970	2381.104	2378.736	0	0	0	0	/
白沙黎族自治县	1088.045	458.676	452.668	1323.995	506.714	0	0	0.090	0.075	/
昌江黎族自治县	1367.474	1400.877	1422.385	1417.730	1408.813	2.740	3.044	4.805	4.941	/
乐东黎族自治县	2159.322	2220.039	2079.083	2074.879	1905.689	0	0	0	0	/
陵水黎族自治县	1027.727	1186.890	1186.890	1251.141	1186.889	0	0	0	0	/
保亭黎族苗族自治县	770.689	710.137	716.889	1211.712	1111.139	1.008	0	0	0	/
琼中黎族苗族自治县	200.643	1216.569	1224.137	1182.582	1219.791	0	0	0	0	/

注：①2011—2015 年农业源污水中总氮排放量统计范围：农业源污染排放情况（农业污染物排放/流失量合计）。

②2016—2019 年农业源污水中总氮排放量统计范围：农业源大型畜禽养殖场污染排放情况。

③2020 年农源业污水中总氮排放量统计范围：农业源畜禽养殖业、水产养殖业、种植业污染排放情况。

农业源污水中总磷排放量

单位：t

行政区划名称	2011 年	2012 年	2013 年	2014 年	2015 年	2016 年	2017 年	2018 年	2019 年	2020 年
海南省	**5814.088**	**5222.634**	**4044.546**	**5169.367**	**4883.167**	**0.112**	**0.133**	**0.388**	**1.432**	**2908.230**
海口市	655.428	731.822	630.008	647.757	679.076	0	0.008	0.009	0.009	/
三亚市	337.649	97.936	65.458	200.572	193.510	0	0	0	0	/
三沙市	/	/	/	/	0	0	0	0	0	/
儋州市	403.835	418.819	442.617	656.939	621.836	0	0	0	0	/
洋浦经济开发区	/	/	/	/	0	0	0	0	0	/
五指山市	29.558	27.639	37.821	37.305	39.767	0	0	0	0	/
琼海市	501.079	471.604	474.591	481.019	461.301	0	0	0	0	/
文昌市	710.010	1738.284	589.535	690.209	560.243	0	0	0	0	/
万宁市	276.111	274.131	271.769	291.526	290.799	0	0	0	0	/
东方市	200.627	179.775	254.602	184.106	198.715	0	0.029	0.029	0	/
定安县	244.245	161.369	162.900	275.979	275.014	0	0	0	0	/
屯昌县	154.793	154.920	145.158	157.129	156.884	0	0	0	0	/
澄迈县	351.186	127.966	132.535	345.190	315.889	0	0	0	0	/
临高县	356.055	76.837	74.756	292.967	292.591	0	0	0	0	/
白沙黎族自治县	121.509	55.969	61.155	141.920	50.002	0	0	0.028	0.023	/
昌江黎族自治县	113.352	124.806	128.147	128.861	127.113	0.084	0.095	0.322	1.400	/
乐东黎族自治县	212.450	220.838	207.030	206.645	208.857	0	0	0	0	/
陵水黎族自治县	126.971	148.983	148.983	159.623	148.984	0	0	0	0	/
保亭黎族苗族自治县	84.650	84.772	90.456	144.505	131.285	0.027	0	0	0	/
琼中黎族苗族自治县	934.580	126.164	127.026	127.117	131.301	0	0	0	0	/

注：①2011—2015 年农业源污水中总磷排放量统计范围：农业源污染排放情况（农业污染物排放/流失量合计）。

②2016—2019 年农业源污水中总磷排放量统计范围：农业源大型畜禽养殖场污染排放情况。

③2020 年农业源污水中总磷排放量统计范围：农业源畜禽养殖业、水产养殖业、种植业污染排放情况。

1.5 生活源污水污染排放情况

生活源污水排放量

单位：万 t

行政区划名称	2011 年	2012 年	2013 年	2014 年	2015 年	2016 年	2017 年	2018 年	2019 年	2020 年
海南省	**28858.349**	**29586.944**	**29374.049**	**31360.812**	**32205.938**	**23645.295**	**34522.405**	**27798.381**	**37952.982**	**46449.982**
海口市	11290.740	10641.860	11119.940	11676.550	12417.480	9971.270	14733.784	11727.684	16384.742	17425.193
三亚市	2908.320	5139.100	4541.125	5876.050	6242.400	4327.874	6204.047	5085.316	7565.802	7249.576
三沙市	/	2.037	2.037	2.037	2.037	4.249	6.301	6.366	11.897	/
儋州市	2161.000	1714.000	1723.000	1734.000	1760.000	1438.500	1833.624	1539.257	1740.832	2929.660
洋浦经济开发区	426.980	391.000	404.310	381.430	730.000	/	/	/	/	637.409
五指山市	334.000	334.000	267.000	410.000	362.575	330.174	514.736	391.452	500.629	522.870
琼海市	1311.000	1205.376	1198.368	1299.400	1143.030	1277.323	1921.380	1465.189	1774.314	1976.138
文昌市	1550.498	1593.500	1621.400	1649.900	1064.872	866.037	1224.394	988.368	1404.279	1735.228
万宁市	1315.752	1313.670	1402.705	1449.134	1562.000	532.256	609.973	713.859	1051.733	1080.186
东方市	947.630	803.618	1045.780	802.276	802.276	726.168	1111.534	838.391	1020.190	1155.523
定安县	648.313	668.307	668.307	716.174	647.800	436.737	665.045	528.814	651.328	1456.390
屯昌县	564.000	578.656	600.290	620.266	641.903	519.851	809.792	642.154	772.726	754.875
澄迈县	1417.720	1669.010	1083.375	1083.375	1099.115	529.033	708.783	598.457	899.330	1032.499
临高县	969.000	969.440	981.000	1008.700	1008.700	621.123	900.859	722.876	945.627	1621.566
白沙黎族自治县	239.120	250.210	273.520	297.927	317.900	108.596	250.180	159.057	183.605	544.088
昌江黎族自治县	655.583	610.280	623.040	583.303	681.320	437.030	645.989	519.237	679.057	1668.446
乐东黎族自治县	818.571	818.570	890.000	775.200	786.000	369.906	528.844	434.013	703.412	1709.305
陵水黎族自治县	736.000	334.940	355.660	401.130	438.600	623.845	1016.651	799.396	935.095	864.673
保亭黎族苗族自治县	246.631	220.370	230.862	243.180	227.930	172.842	254.490	199.854	252.038	1542.784
琼中黎族苗族自治县	317.491	329.000	342.330	350.780	270.000	352.480	582.000	438.643	476.345	545.095

注：①2011—2019 年生活源污水排放量统计范围：城镇生活源污染排放情况。

②2020 年生活源污水排放量统计范围：城镇及农村生活源污染排放情况。

③2016—2019 年儋州市生活源污水排放量统计范围含洋浦经济开发区。

生活源污水中化学需氧量排放量

单位：t

行政区划名称	2011 年	2012 年	2013 年	2014 年	2015 年	2016 年	2017 年	2018 年	2019 年	2020 年
海南省	**78857.755**	**80233.491**	**79315.727**	**83602.207**	**78540.667**	**42222.920**	**45419.868**	**42719.811**	**39524.798**	**83462.290**
海口市	6336.540	4944.960	6341.240	6977.770	5087.740	10641.169	11775.784	10619.557	8331.310	11462.940
三亚市	7031.000	7161.940	7134.000	6398.610	4396.480	2640.902	3390.706	1219.231	1119.735	14188.380
三沙市	/	9.167	9.167	9.167	9.167	5.226	5.578	0.720	2.507	24.730
儋州市	10665.540	10844.097	10773.780	11536.750	10019.040	2792.755	2541.962	2782.969	3162.521	6761.440
洋浦经济开发区	1664.000	1195.030	1221.740	1235.760	2583.470	/	/	/	/	1836.770
五指山市	1658.470	1381.469	1430.880	1512.090	1476.530	1034.832	1173.837	1096.476	921.058	1089.980
琼海市	5226.632	5441.996	5265.520	5255.910	5380.820	4192.091	4766.259	4684.248	4149.406	5193.050
文昌市	7587.000	7775.595	7433.070	7644.470	7000.240	2760.964	3026.349	3029.093	2949.196	3885.930
万宁市	5475.000	5463.677	4757.200	6180.990	5496.460	1962.896	1420.859	1533.476	1480.974	3254.160
东方市	4130.000	4720.979	4673.050	4735.330	4909.530	2375.541	2548.979	2486.851	2108.500	1930.600
定安县	2744.500	3120.020	3205.120	3289.060	3304.390	1249.177	1262.485	1286.669	1086.439	4571.850
屯昌县	2648.450	3019.500	3082.380	3044.330	2972.020	1849.631	2050.024	1978.598	1874.704	2270.190
澄迈县	5248.000	5744.679	4174.250	4917.040	5529.550	1422.533	1486.988	1667.579	1795.377	2069.510
临高县	4696.600	4685.498	4964.280	5318.560	5089.370	2280.215	2472.078	2584.275	2477.128	4879.880
白沙黎族自治县	1075.890	1246.512	1388.230	1581.080	1598.190	572.843	630.761	681.895	700.040	1454.570
昌江黎族自治县	2791.000	2822.350	2654.460	2727.590	2949.960	1318.662	1416.483	1432.555	1608.193	4478.210
乐东黎族自治县	3996.810	4013.986	4236.660	4509.830	4194.810	1186.739	1224.130	1336.976	1419.775	5859.430
陵水黎族自治县	3450.000	3530.781	3649.060	3751.300	3518.540	2090.616	2159.107	2304.535	2398.055	2577.950
保亭黎族苗族自治县	1176.341	1698.999	1362.130	1497.690	1389.670	665.329	640.310	698.520	718.155	4292.300
琼中黎族苗族自治县	1255.982	1412.256	1559.510	1478.880	1634.690	1180.800	1427.189	1295.588	1221.725	1380.420

注：①2011—2019 年生活源污水中化学需氧量排放量统计范围：城镇生活源污染排放情况。
②2020 年生活源污水中化学需氧量排放量统计范围：城镇及农村生活源污染排放情况。
③2016—2019 年儋州市生活源污水中化学需氧量排放量统计范围含洋浦经济开发区。

生活源污水中氨氮排放量

单位：t

行政区划名称	2011 年	2012 年	2013 年	2014 年	2015 年	2016 年	2017 年	2018 年	2019 年	2020 年
海南省	**12364.626**	**12275.795**	**12960.457**	**13284.237**	**11987.232**	**5278.524**	**5185.206**	**4617.741**	**4592.351**	**6380.580**
海口市	3428.000	3457.430	3798.890	3691.320	2852.550	1841.226	1826.877	1204.655	1153.453	588.190
三亚市	1229.000	1093.357	1301.240	1059.400	649.175	518.718	588.156	221.493	207.291	552.980
三沙市	/	0.917	0.917	0.917	0.917	0	0	0	0	1.400
儋州市	1245.000	1482.641	1250.800	1355.480	1206.320	355.685	303.352	396.251	400.685	603.250
洋浦经济开发区	195.000	180.617	150.800	152.530	304.260	/	/	/	/	140.330
五指山市	181.000	134.361	162.950	178.670	158.340	89.697	91.423	90.039	82.691	111.270
琼海市	624.708	580.150	631.180	685.660	655.360	406.218	454.303	422.809	410.001	399.850
文昌市	897.000	854.356	858.900	896.430	890.600	293.062	278.198	323.557	333.603	328.240
万宁市	737.000	693.959	652.200	812.610	809.850	176.005	143.943	197.133	216.273	298.460
东方市	493.000	497.280	544.250	573.270	575.420	202.934	197.017	228.526	227.776	188.650
定安县	322.144	316.140	381.200	380.420	394.070	153.054	135.186	154.242	161.357	427.630
屯昌县	340.424	333.979	366.280	374.230	387.870	182.384	184.555	182.151	181.044	174.930
澄迈县	626.000	614.935	611.500	685.550	652.720	135.679	131.038	194.525	212.242	229.820
临高县	533.930	511.175	568.550	601.030	606.420	227.032	217.290	253.271	254.419	448.930
白沙黎族自治县	148.700	138.207	159.520	180.840	194.940	39.208	37.288	45.329	50.945	127.460
昌江黎族自治县	258.000	251.435	279.010	334.250	315.880	130.387	121.968	131.133	133.896	415.390
乐东黎族自治县	439.410	423.084	487.620	517.660	517.600	124.949	110.899	148.067	150.791	552.460
陵水黎族自治县	386.000	368.842	418.700	439.560	460.940	192.678	158.399	210.636	208.493	219.400
保亭黎族苗族自治县	135.440	177.004	153.240	173.130	173.320	66.755	55.097	73.372	74.889	424.680
琼中黎族苗族自治县	144.870	165.926	182.710	191.280	180.680	142.387	149.802	140.096	132.461	147.260

注：①2011—2019 年生活源污水中氨氮排放量统计范围：城镇生活源污染排放情况。
②2020 年生活源污水中氨氮排放量统计范围：城镇及农村生活源污染排放情况。
③2016—2019 年儋州市生活源污水中氨氮排放量统计范围含洋浦经济开发区。

生活源污水中总氮排放量

单位：t

行政区划名称	2011 年	2012 年	2013 年	2014 年	2015 年	2016 年	2017 年	2018 年	2019 年	2020 年
海南省	/	/	/	/	**16335.434**	**8539.276**	**9251.148**	**7872.795**	**8236.669**	**13543.000**
海口市	/	/	/	/	6078.330	3912.579	4338.811	3035.886	3081.932	2646.620
三亚市	/	/	/	/	1083.017	855.844	1061.760	544.337	477.402	1782.120
三沙市	/	/	/	/	1.416	1.060	1.094	0.650	0.146	1.610
儋州市	/	/	/	/	1434.611	357.638	303.352	342.690	370.724	1102.500
洋浦经济开发区	/	/	/	/	320.000	/	/	/	/	245.730
五指山市	/	/	/	/	200.530	121.675	132.863	110.079	122.195	197.750
琼海市	/	/	/	/	670.000	574.812	637.587	555.036	569.421	754.960
文昌市	/	/	/	/	920.000	390.488	407.950	471.484	530.043	652.760
万宁市	/	/	/	/	830.000	192.217	192.259	259.143	303.101	547.440
东方市	/	/	/	/	595.000	296.570	294.149	344.774	371.721	405.080
定安县	/	/	/	/	408.000	196.504	205.446	231.030	249.897	673.030
屯昌县	/	/	/	/	409.636	255.414	269.849	277.080	297.935	333.180
澄迈县	/	/	/	/	815.023	192.829	204.239	282.372	332.793	387.870
临高县	/	/	/	/	610.000	285.770	298.838	342.108	379.539	736.620
白沙黎族自治县	/	/	/	/	202.871	55.922	55.699	66.768	76.651	228.140
昌江黎族自治县	/	/	/	/	350.000	217.250	194.515	236.149	217.760	676.800
乐东黎族自治县	/	/	/	/	550.000	165.108	165.751	215.325	249.414	891.960
陵水黎族自治县	/	/	/	/	480.000	200.287	199.569	269.720	299.991	399.530
保亭黎族苗族自治县	/	/	/	/	181.000	79.227	83.334	104.861	113.627	633.780
琼中黎族苗族自治县	/	/	/	/	196.000	188.082	204.083	183.303	192.377	245.520

注：①2015—2019 年生活源污水中总氮排放量统计范围：城镇生活源污染排放情况。

②2020 年生活源污水中总氮排放量统计范围：城镇及农村生活源污染排放情况。

③2016—2019 年儋州市生活源污水中总氮排放量统计范围含洋浦经济开发区。

生活源污水中总磷排放量

单位：t

行政区划名称	2011 年	2012 年	2013 年	2014 年	2015 年	2016 年	2017 年	2018 年	2019 年	2020 年
海南省	/	/	/	/	**1050.010**	**626.245**	**659.145**	**571.190**	**621.106**	**1039.870**
海口市	/	/	/	/	457.441	195.221	196.046	159.276	170.425	133.520
三亚市	/	/	/	/	88.700	24.132	73.342	48.588	45.163	188.010
三沙市	/	/	/	/	0.107	0.115	0.103	0.056	0.085	0.030
儋州市	/	/	/	/	24.000	32.194	23.140	22.097	26.100	77.030
洋浦经济开发区	/	/	/	/	24.000	/	/	/	/	22.960
五指山市	/	/	/	/	15.478	18.118	16.609	15.047	4.783	13.950
琼海市	/	/	/	/	2.000	40.862	74.075	67.283	70.465	67.700
文昌市	/	/	/	/	59.578	52.071	44.658	42.679	45.676	44.630
万宁市	/	/	/	/	57.000	25.435	22.746	20.988	25.159	44.670
东方市	/	/	/	/	49.160	39.925	39.843	31.102	34.734	20.090
定安县	/	/	/	/	18.000	10.844	9.748	9.665	10.626	55.780
屯昌县	/	/	/	/	30.828	32.674	30.481	27.376	28.298	15.890
澄迈县	/	/	/	/	50.100	16.058	9.856	9.255	11.720	23.380
临高县	/	/	/	/	48.734	40.334	35.101	32.740	35.495	64.300
白沙黎族自治县	/	/	/	/	15.268	7.312	6.023	7.962	9.231	20.210
昌江黎族自治县	/	/	/	/	27.274	24.810	21.352	20.697	22.755	63.380
乐东黎族自治县	/	/	/	/	40.000	20.869	16.247	17.165	20.190	76.560
陵水黎族自治县	/	/	/	/	26.020	13.386	8.867	12.087	31.267	31.300
保亭黎族苗族自治县	/	/	/	/	14.200	11.745	10.017	9.536	10.602	61.730
琼中黎族苗族自治县	/	/	/	/	2.122	20.138	20.892	17.589	18.332	14.750

注：①2015—2019 年生活源污水中总磷排放量统计范围：城镇生活源污染排放情况。
②2020 年生活源污水中总磷排放量统计范围：城镇及农村生活源污染排放情况。
③2016—2019 年儋州市生活源污水中总磷排放量统计范围含洋浦经济开发区。

1.6 集中式污染治理设施——生活垃圾处理厂（场）污染排放及处理情况

生活垃圾处理厂（场）数量

单位：家

行政区划名称	2011 年	2012 年	2013 年	2014 年	2015 年	2016 年	2017 年	2018 年	2019 年	2020 年
海南省	**18**	**22**	**21**	**21**	**21**	**20**	**19**	**19**	**20**	**16**
海口市	/	/	/	/	/	/	/	/	/	/
三亚市	1	1	1	1	2	2	2	2	2	1
三沙市	/	/	/	/	/	/	/	/	/	/
儋州市	1	2	2	2	2	1	1	1	1	1
洋浦经济开发区	/	1	/	/	/	/	/	/	/	/
五指山市	1	1	1	1	1	1	1	1	1	1
琼海市	1	2	1	1	1	1	1	1	1	/
文昌市	1	1	1	1	1	1	1	1	1	/
万宁市	1	1	1	1	1	1	1	1	1	1
东方市	1	1	1	1	1	1	1	1	1	1
定安县	1	1	1	1	1	1	1	1	1	1
屯昌县	1	1	1	1	1	1	1	1	1	1
澄迈县	1	1	1	2	2	3	3	3	3	3
临高县	1	2	2	2	1	1	1	1	1	1
白沙黎族自治县	1	1	1	1	1	1	1	1	1	1
昌江黎族自治县	2	2	2	2	2	1	1	1	1	1
乐东黎族自治县	1	1	1	1	1	1	1	1	1	2
陵水黎族自治县	1	1	1	1	1	1	1	1	1	/
保亭黎族苗族自治县	1	1	1	1	1	1	1	1	1	1
琼中黎族苗族自治县	1	1	2	1	1	1	/	/	1	/

生活垃圾处理厂（场）新增固定资产

单位：万元

行政区划名称	2011 年	2012 年	2013 年	2014 年	2015 年	2016 年	2017 年	2018 年	2019 年	2020 年
海南省	**1035.30**	**2797.16**	**663.00**	**663.00**	**43423.29**	**6957.67**	**4346.29**	**2944.71**	**4655.28**	**5683.07**
海口市	/	/	/	/	/	/	/	/	/	/
三亚市	0	0	0	0	42497.00	5.72	0	0	0	0
三沙市	/	/	/	/	/	/	/	/	/	/
儋州市	366.00	540.00	540.00	540.00	540.00	0	0	191.45	580.56	0
洋浦经济开发区	/	0	/	/	/	/	/	/	/	/
五指山市	0	0	0	0	0	0	324.72	273.00	150.00	100.00
琼海市	0	0	0	0	0	0	0	0	0	/
文昌市	100.00	2000.00	0	0	0.70	0	0	67.00	0	/
万宁市	0	0	0	0	0	0	0	88.80	772.00	772.00
东方市	170.00	75.16	0	0	0	0	0	0	0	0
定安县	0	0	0	0	0	0	0	0	0	680.00
屯昌县	0	0	0	0	0	65.35	2.40	27.82	615.90	0
澄迈县	341.00	0	0	0	3.59	6758.60	1716.16	592.14	570.00	2881.00
临高县	0	0	0	0	0	0	0	0	0	0
白沙黎族自治县	12.00	0	0	0	0	0	261.91	1.50	18.75	79.07
昌江黎族自治县	5.00	0	3.00	30.00	25.00	28.00	2.00	5.00	20.00	46.00
乐东黎族自治县	0	0	22.00	0	0	0	0	1417.00	24.00	1045.00
陵水黎族自治县	3.30	102.00	0	0	0	0	0	0	0	/
保亭黎族苗族自治县	38.00	80.00	98.00	93.00	52.00	100.00	2039.10	281.00	1762.00	80.00
琼中黎族苗族自治县	0	0	0	0	305.00	0	/	/	142.07	/

生活垃圾处理厂（场）运行费用

单位：万元

行政区划名称	2011 年	2012 年	2013 年	2014 年	2015 年	2016 年	2017 年	2018 年	2019 年	2020 年
海南省	**5957.20**	**5903.46**	**4034.85**	**5235.20**	**4574.20**	**4893.68**	**5090.25**	**6216.46**	**15391.12**	**99669.43**
海口市	/	/	/	/	/	/	/	/	/	/
三亚市	885.00	0	0	819.00	744.30	700.00	634.18	918.15	1235.00	1345.20
三沙市	/	/	/	/	/	/	/	/	/	/
儋州市	1185.00	1374.00	1059.00	500.00	500.00	1101.00	878.00	1550.00	4419.44	1800.00
洋浦经济开发区	/	2.16	/	/	/	/	/	/	/	/
五指山市	200.00	200.00	200.00	150.00	150.00	137.50	210.00	356.00	400.00	400.00
琼海市	505.20	1030.00	0	0	179.00	0	0	0	0	/
文昌市	16.00	228.00	0	285.00	0	0	0	0	0	/
万宁市	296.00	293.50	293.50	294.00	224.00	294.00	294.00	466.00	772.00	772.00
东方市	421.00	350.00	345.00	345.00	345.00	345.00	345.00	345.00	564.88	1169.17
定安县	125.00	185.60	220.00	213.00	180.00	135.00	275.00	60.00	146.10	60.00
屯昌县	200.00	200.00	0	200.00	200.00	183.18	196.73	254.34	482.31	1438.70
澄迈县	730.00	780.00	930.00	956.00	900.00	583.00	873.00	690.00	4780.00	89584.00
临高县	330.00	385.00	186.29	390.00	60.00	330.00	330.00	335.00	387.90	460.25
白沙黎族自治县	96.80	98.00	97.00	60.00	91.70	100.00	149.94	181.07	325.59	447.11
昌江黎族自治县	92.20	212.20	242.20	181.20	197.20	150.00	210.00	190.00	210.00	385.00
乐东黎族自治县	149.00	209.00	149.00	150.00	149.00	150.00	149.00	325.90	559.00	1348.00
陵水黎族自治县	120.00	130.00	130.00	265.00	245.00	245.00	245.40	245.00	808.00	/
保亭黎族苗族自治县	571.00	190.00	152.00	301.00	280.00	280.00	300.00	300.00	300.00	460.00
琼中黎族苗族自治县	35.00	36.00	30.86	126.00	129.00	160.00	/	/	0.90	/

生活垃圾处理厂（场）本年实际填埋量

单位：万 t

行政区划名称	2011 年	2012 年	2013 年	2014 年	2015 年	2016 年	2017 年	2018 年	2019 年	2020 年
海南省	**133.780**	**93.065**	**101.139**	**187.262**	**122.932**	**125.628**	**178.728**	**197.614**	**240.451**	**314.389**
海口市	/	/	/	/	/	/	/	/	/	/
三亚市	60.606	23.986	26.138	33.650	14.068	20.347	29.206	38.501	35.914	22.477
三沙市	/	/	/	/	/	/	/	/	/	/
儋州市	10.032	13.052	10.752	10.752	10.752	17.000	20.824	25.000	25.150	15.000
洋浦经济开发区	/	2.160	/	/	/	/	/	/	/	/
五指山市	1.680	2.100	1.800	2.000	2.434	3.019	3.600	4.160	6.670	33.000
琼海市	0	0	0	0	0	0	0	0	0	/
文昌市	0	0	0	0	0	0	0	0	0	/
万宁市	5.350	5.500	5.800	5.900	6.000	10.440	17.547	21.300	19.600	17.000
东方市	5.670	5.520	5.510	6.800	7.770	9.140	10.080	15.530	18.940	15.870
定安县	1.740	2.100	4.253	5.386	5.433	6.182	6.544	10.800	14.400	82.000
屯昌县	2.300	2.300	2.300	3.619	4.628	5.410	6.030	6.159	6.880	4.010
澄迈县	25.000	14.500	24.070	89.450	38.120	14.430	40.800	41.500	60.000	40.260
临高县	3.240	5.247	5.980	6.770	2.550	5.910	7.849	8.174	8.930	7.502
白沙黎族自治县	0.690	1.645	1.640	1.990	3.012	3.800	4.308	5.150	4.389	4.950
昌江黎族自治县	5.915	5.615	6.018	7.292	8.375	6.440	6.400	5.960	6.150	6.920
乐东黎族自治县	1.400	1.600	1.780	1.800	2.300	2.700	3.380	3.500	4.380	18.700
陵水黎族自治县	5.475	2.880	2.880	7.200	11.390	13.310	16.960	0.080	22.152	/
保亭黎族苗族自治县	2.382	2.460	2.215	2.453	3.200	3.900	5.200	11.800	6.890	46.700
琼中黎族苗族自治县	2.300	2.400	0.003	2.200	2.900	3.600	/	/	0.006	/

生活垃圾处理厂（场）废水（含渗滤液）排放量

单位：万 t

行政区划名称	2011 年	2012 年	2013 年	2014 年	2015 年	2016 年	2017 年	2018 年	2019 年	2020 年
海南省	**46.683**	**51.511**	**37.743**	**34.430**	**38.575**	**48.292**	**81.532**	**99.382**	**104.094**	**85.173**
海口市	/	/	/	/	/	/	/	/	/	/
三亚市	5.498	5.705	1.941	5.705	10.931	12.015	9.853	11.029	15.141	9.490
三沙市	/	/	/	/	/	/	/	/	/	/
儋州市	3.643	4.477	4.270	4.270	0	4.058	4.967	6.025	6.317	7.590
洋浦经济开发区	/	1.620	/	/	/	/	/	/	/	/
五指山市	2.628	2.628	1.825	0.610	0.496	1.297	2.089	1.849	0.643	1.037
琼海市	0.817	1.624	0	0	0	0	0.617	0.795	1.824	/
文昌市	0.118	0.450	0	0.750	0	0.828	1.142	2.496	0.050	/
万宁市	3.020	3.050	1.750	1.750	1.750	2.633	3.062	3.361	5.800	5.600
东方市	1.939	1.710	1.710	1.690	1.771	1.800	1.825	2.280	4.089	5.193
定安县	1.619	1.725	1.800	0.918	2.173	2.473	2.494	1.961	5.760	6.332
屯昌县	2.379	2.379	2.064	2.036	2.036	2.920	2.560	4.224	6.840	6.749
澄迈县	8.915	8.655	7.800	5.650	6.523	9.990	44.163	59.211	42.720	22.360
临高县	2.054	2.282	0.822	0.218	0.822	1.497	1.024	0.475	3.402	4.772
白沙黎族自治县	0.960	1.500	1.100	1.083	1.260	0.359	1.692	1.755	1.612	3.662
昌江黎族自治县	5.444	5.444	4.721	3.911	3.921	1.532	1.883	1.788	1.810	2.387
乐东黎族自治县	1.254	1.424	1.080	1.188	1.139	1.186	1.580	0.440	1.011	6.605
陵水黎族自治县	2.520	2.120	2.120	2.120	2.484	1.460	1.469	0.008	4.448	/
保亭黎族苗族自治县	2.150	2.992	2.932	0.615	1.276	0.646	1.112	1.684	0.642	3.397
琼中黎族苗族自治县	1.725	1.728	1.809	1.916	1.993	3.600	/	/	1.986	/

生活垃圾处理厂（场）废水（含渗滤液）中化学需氧量排放量

单位：t

行政区划名称	2011 年	2012 年	2013 年	2014 年	2015 年	2016 年	2017 年	2018 年	2019 年	2020 年
海南省	**1357.830**	**1510.070**	**1049.245**	**1427.561**	**1241.230**	**23.006**	**29.935**	**19.857**	**11.249**	**36.299**
海口市	/	/	/	/	/	/	/	/	/	/
三亚市	1.510	1.510	1.510	1.510	5.680	6.105	6.657	3.651	1.612	3.352
三沙市	/	/	/	/	/	0.470	0.409	0.270	0.127	/
儋州市	402.380	402.380	405.100	405.100	494.720	0.790	0.879	0.447	0.216	0.481
洋浦经济开发区	/	93.600	/	/	/	/	/	/	/	/
五指山市	0.150	0.150	0.150	23.780	23.780	0.061	0.209	0.169	0.142	0.363
琼海市	50.700	101.400	0	50.700	50.700	0.127	0.392	0.073	0.034	/
文昌市	236.930	239.540	0	236.390	0	4.019	8.933	4.996	1.997	/
万宁市	0.240	0.240	0.240	0.630	0.630	0.639	0.623	0.353	0.284	4.104
东方市	118.630	118.630	118.860	118.860	118.860	0.661	0.773	0.468	0.248	2.819
定安县	0.130	0.130	0.130	0.130	0.130	1.031	0.673	0.528	0.738	1.203
屯昌县	0.180	0.180	0.180	43.820	0.180	0.281	0.638	1.860	0.611	2.728
澄迈县	3.350	3.350	3.350	3.350	3.350	4.302	6.651	4.323	4.444	/
临高县	137.220	137.530	137.210	136.860	136.800	0.330	0.290	0.080	0.101	11.096
白沙黎族自治县	23.730	23.780	0.280	23.780	23.780	0.751	0.736	0.397	0.194	1.016
昌江黎族自治县	142.410	142.500	142.395	142.351	142.340	0.327	0.292	0.170	0.076	1.360
乐东黎族自治县	60.390	60.390	60.400	60.420	60.400	2.208	0.575	1.266	0.185	5.467
陵水黎族自治县	66.580	66.680	66.680	66.680	66.680	0.437	0.720	0.497	0.126	/
保亭黎族苗族自治县	1.080	1.080	0	1.080	1.080	0.189	0.334	0.208	0.044	2.310
琼中黎族苗族自治县	112.120	117.000	112.760	112.120	112.120	0.281	0.154	0.102	0.069	/

生活垃圾处理厂（场）废水（含渗滤液）中氨氮排放量

单位：t

行政区划名称	2011 年	2012 年	2013 年	2014 年	2015 年	2016 年	2017 年	2018 年	2019 年	2020 年
海南省	**123.045**	**149.975**	**97.179**	**130.994**	**110.292**	**3.845**	**2.416**	**1.503**	**0.665**	**6.487**
海口市	/	/	/	/	/	/	/	/	/	/
三亚市	0.040	0.040	0.041	0.041	0.350	0.903	0.716	0.350	0.109	0.102
三沙市	/	/	/	/	/	0.039	0.024	0.013	0.005	/
儋州市	30.950	45.950	31.390	31.390	31.390	0.052	0.033	0.026	0.025	0.079
洋浦经济开发区	/	7.200	/	/	/	/	/	/	/	/
五指山市	0	0.010	0	4.280	4.280	0.003	0.005	0.010	0.018	0.039
琼海市	3.900	7.800	0	3.900	3.900	0.007	0.012	0.002	0.001	/
文昌市	18.180	18.570	0	18.180	0	0.015	0.009	0.003	0.002	/
万宁市	0.010	0.010	0.010	0.100	0.100	0.214	0.156	0.075	0.047	0.969
东方市	9.150	9.150	9.150	9.140	9.140	0.026	0.058	0.040	0.005	0.064
定安县	5.340	5.340	5.340	5.340	5.340	0.183	0.168	0.090	0.103	0.651
屯昌县	0.010	0.010	0.010	3.090	0.010	0.987	0.143	0.282	0.112	0.682
澄迈县	0.010	0.100	0.100	0.100	0.100	0.086	0.161	0.088	0.083	/
临高县	13.380	13.400	13.380	13.363	13.350	0.084	0.070	0.009	0.004	2.162
白沙黎族自治县	4.280	4.280	0.030	4.280	4.280	0.252	0.184	0.097	0.034	0.079
昌江黎族自治县	10.995	10.935	10.938	10.990	10.982	0.139	0.093	0.041	0.018	0.403
乐东黎族自治县	6.150	6.150	6.150	6.150	6.400	0.448	0.144	0.155	0.035	1.213
陵水黎族自治县	12.000	12.000	12.000	12.000	12.000	0.096	0.180	0.083	0.036	/
保亭黎族苗族自治县	0.020	0.020	0	0.020	0.040	0.087	0.083	0.039	0.004	0.044
琼中黎族苗族自治县	8.630	9.010	8.640	8.630	8.630	0.223	0.178	0.101	0.024	/

生活垃圾处理厂（场）废水（含渗滤液）中总氮排放量

单位：t

行政区划名称	2011 年	2012 年	2013 年	2014 年	2015 年	2016 年	2017 年	2018 年	2019 年	2020 年
海南省	/	/	/	/	/	**9.200**	**10.469**	**8.367**	**9.752**	**15.389**
海口市	/	/	/	/	/	/	/	/	/	/
三亚市	/	/	/	/	/	1.552	1.309	0.561	0.373	0.826
三沙市	/	/	/	/	/	0.029	0.029	0.021	0.024	/
儋州市	/	/	/	/	/	0.054	0.133	0.101	0.116	0.876
洋浦经济开发区	/	/	/	/	/	/	/	/	/	/
五指山市	/	/	/	/	/	0.009	0.008	0.016	0.027	0.114
琼海市	/	/	/	/	/	0.018	0.085	0.013	0.015	/
文昌市	/	/	/	/	/	2.547	2.516	1.098	0.679	/
万宁市	/	/	/	/	/	0.360	0.356	0.261	0.392	1.596
东方市	/	/	/	/	/	0.175	0.186	0.135	0.135	0.866
定安县	/	/	/	/	/	0.015	0.384	0.267	0.292	0.729
屯昌县	/	/	/	/	/	0.449	0.444	0.809	0.742	1.559
澄迈县	/	/	/	/	/	1.749	3.230	3.616	5.552	/
临高县	/	/	/	/	/	0.146	0.160	0.029	0.307	3.747
白沙黎族自治县	/	/	/	/	/	0.349	0.285	0.199	0.211	1.709
昌江黎族自治县	/	/	/	/	/	0.173	0.210	0.131	0.151	0.656
乐东黎族自治县	/	/	/	/	/	0.513	0.327	0.461	0.182	2.125
陵水黎族自治县	/	/	/	/	/	0.186	0.410	0.363	0.173	/
保亭黎族苗族自治县	/	/	/	/	/	0.082	0.191	0.134	0.053	0.586
琼中黎族苗族自治县	/	/	/	/	/	0.792	0.207	0.152	0.327	/

生活垃圾处理厂（场）废水（含渗滤液）中总磷排放量

单位：t

行政区划名称	2011 年	2012 年	2013 年	2014 年	2015 年	2016 年	2017 年	2018 年	2019 年	2020 年
海南省	**0.703**	**2.211**	**1.183**	**0.955**	**1.370**	**0.244**	**0.302**	**0.122**	**0.080**	**0.761**
海口市	/	/	/	/	/	/	/	/	/	/
三亚市	0	0	0	0.021	0.021	0.039	0.050	0.013	0.011	0.033
三沙市	/	/	/	/	/	0.001	0.001	…	…	/
儋州市	0	0	0	0	0	0.004	0.005	0.006	0.006	0.005
洋浦经济开发区	/	1.460	/	/	/	/	/	/	/	/
五指山市	0	0	0	0	0	…	0.002	0.001	…	0.002
琼海市	0	0	0	0	0	0.002	0.010	0.001	…	/
文昌市	0	0	0	0	0	0.086	0.098	0.025	0.011	/
万宁市	0.020	0.020	0.020	0.020	0.020	0.009	0.011	0.005	…	0.114
东方市	0	0	0	0.003	0.016	0.004	0.005	0.002	0.002	0.013
定安县	0.001	0.001	0.001	0.001	0.001	0.009	0.012	0.006	0.007	0.009
屯昌县	0	0	0	0	0.150	0.007	0.014	0.008	…	0.049
澄迈县	0	0	0	0	0	0.024	0.047	0.031	0.029	/
临高县	0	0	0.001	0	0	0.008	0.010	0.004	0.004	0.259
白沙黎族自治县	0.240	0.280	0.140	0	0.138	0.002	0.002	…	…	0.122
昌江黎族自治县	0.200	0.200	0.202	0.208	0.209	0.002	0.001	…	…	0.018
乐东黎族自治县	0.080	0.080	0.600	0.700	0.800	0.032	0.012	0.011	0.002	0.134
陵水黎族自治县	0	0	0.050	0	0	0.003	0.010	0.004	0.002	/
保亭黎族苗族自治县	0.002	0	0	0.002	0	0.005	0.006	0.002	0.001	0.003
琼中黎族苗族自治县	0.160	0.170	0.169	0	0.015	0.006	0.007	0.003	0.001	/

生活垃圾处理厂（场）废水（含渗滤液）中石油类排放量

单位：t

行政区划名称	2011 年	2012 年	2013 年	2014 年	2015 年	2016 年	2017 年	2018 年	2019 年	2020 年
海南省	**0.289**	**0.751**	**0.145**	**0.091**	**0.185**	/	/	/	/	/
海口市	/	/	/	/	/	/	/	/	/	/
三亚市	0.040	0	0	0.007	0.022	/	/	/	/	/
三沙市	/	/	/	/	/	/	/	/	/	/
儋州市	0	0	0	0	0	/	/	/	/	/
洋浦经济开发区	/	0.570	/	/	/	/	/	/	/	/
五指山市	0	0	0	0	0	/	/	/	/	/
琼海市	0	0	0	0	0	/	/	/	/	/
文昌市	0	0	0	0	0	/	/	/	/	/
万宁市	0.010	0.010	0	0.001	0.001	/	/	/	/	/
东方市	0	0	0	0	0	/	/	/	/	/
定安县	0.001	0.001	0.001	0.001	0.001	/	/	/	/	/
屯昌县	0	0	0	0	0.025	/	/	/	/	/
澄迈县	0.088	0	0	0	0	/	/	/	/	/
临高县	0	0	0	0	0	/	/	/	/	/
白沙黎族自治县	0.010	0.020	0.001	0	0.054	/	/	/	/	/
昌江黎族自治县	0.080	0.080	0.083	0.082	0.082	/	/	/	/	/
乐东黎族自治县	0	0	0	0	0	/	/	/	/	/
陵水黎族自治县	0	0	0	0	0	/	/	/	/	/
保亭黎族苗族自治县	0	0	0	0	0	/	/	/	/	/
琼中黎族苗族自治县	0.060	0.070	0.060	0	0	/	/	/	/	/

生活垃圾处理厂（场）废水（含渗滤液）中挥发酚排放量

单位：kg

行政区划名称	2011 年	2012 年	2013 年	2014 年	2015 年	2016 年	2017 年	2018 年	2019 年	2020 年
海南省	**30.051**	**271.362**	**0.073**	**0.046**	**10.992**	/	/	/	/	/
海口市	/	/	/	/	/	/	/	/	/	/
三亚市	0	0	0	0.001	10.931	/	/	/	/	/
三沙市	/	/	/	/	/	/	/	/	/	/
儋州市	0	0	0	0	0	/	/	/	/	/
洋浦经济开发区	/	240.000	/	/	/	/	/	/	/	/
五指山市	0	0	0	0	0	/	/	/	/	/
琼海市	0	0	0	0	0	/	/	/	/	/
文昌市	0	0	0	0	0	/	/	/	/	/
万宁市	0.001	0.001	0	0.001	0.001	/	/	/	/	/
东方市	0	0	0	0	0	/	/	/	/	/
定安县	0	0	0.001	0.001	0.001	/	/	/	/	/
屯昌县	0	0	0	0	0.005	/	/	/	/	/
澄迈县	0	0	0	0	0	/	/	/	/	/
临高县	0	0	0	0	0	/	/	/	/	/
白沙黎族自治县	0.010	0.020	0.002	0.001	0.010	/	/	/	/	/
昌江黎族自治县	0.030	0.030	0.030	0.030	0.030	/	/	/	/	/
乐东黎族自治县	0.010	0.011	0.010	0.012	0.014	/	/	/	/	/
陵水黎族自治县	0	0	0	0	0	/	/	/	/	/
保亭黎族苗族自治县	0	0	0	0	0	/	/	/	/	/
琼中黎族苗族自治县	30.000	31.300	0.030	0	0	/	/	/	/	/

生活垃圾处理厂（场）废水（含渗滤液）中氰化物排放量

单位：kg

行政区划名称	2011 年	2012 年	2013 年	2014 年	2015 年	2016 年	2017 年	2018 年	2019 年	2020 年
海南省	**2.675**	**9.697**	**2.118**	**1.317**	**1.238**	/	/	/	/	/
海口市	/	/	/	/	/	/	/	/	/	/
三亚市	0.090	0	0	0	0	/	/	/	/	/
三沙市	/	/	/	/	/	/	/	/	/	/
儋州市	0	0	0	0	0	/	/	/	/	/
洋浦经济开发区	/	7.290	/	/	/	/	/	/	/	/
五指山市	0	0	0	0	0	/	/	/	/	/
琼海市	0	0	0	0	0	/	/	/	/	/
文昌市	0	0	0	0	0	/	/	/	/	/
万宁市	0.010	0.010	0	0	0	/	/	/	/	/
东方市	0.010	0	0	0	0	/	/	/	/	/
定安县	0.027	0.027	0.027	0.027	0.027	/	/	/	/	/
屯昌县	0.010	0.010	0.100	0	0.001	/	/	/	/	/
澄迈县	0.088	0	0	0	0	/	/	/	/	/
临高县	0	0	0	0	0	/	/	/	/	/
白沙黎族自治县	0.160	0.160	0.001	0	0	/	/	/	/	/
昌江黎族自治县	0.980	0.980	0.980	0.980	0.980	/	/	/	/	/
乐东黎族自治县	0.420	0.400	0.230	0.310	0.230	/	/	/	/	/
陵水黎族自治县	0.100	0	0	0	0	/	/	/	/	/
保亭黎族苗族自治县	0	0	0	0	0	/	/	/	/	/
琼中黎族苗族自治县	0.780	0.820	0.780	0	0	/	/	/	/	/

生活垃圾处理厂（场）废水（含渗滤液）中总砷排放量

单位：kg

行政区划名称	2011 年	2012 年	2013 年	2014 年	2015 年	2016 年	2017 年	2018 年	2019 年	2020 年
海南省	**2.338**	**5.160**	**1.038**	**1.380**	**0.745**	**4.082**	**1.719**	**3.587**	**4.951**	**4.505**
海口市	/	/	/	/	/	/	/	/	/	/
三亚市	0.180	0	0	0	0.055	0.415	0.330	1.752	1.762	
三沙市	/	/	/	/	/	…	…	…	…	/
儋州市	0.020	0	0	0	0	0.058	0.029	0.043	0.049	0
洋浦经济开发区	/	3.240	/	/	/	/	/	/	/	/
五指山市	0	0	0	0	0	…	0	0.001	0.004	0
琼海市	0	0	0	0	0	0	0	0	0	/
文昌市	0.730	0.750	0	0.690	0	0.147	0.073	0.109	0.125	/
万宁市	0.020	0.020	0	0	0	0.315	0.156	0.233	0.267	0.741
东方市	0.027	0	0	0.006	0.009	0.004	0.002	0.003	0.003	0
定安县	0.029	0.029	0.029	0.029	0.029	0.409	0.168	0.289	1.623	0.127
屯昌县	0.020	0.020	0.020	0.020	0.020	0.393	0.194	0.290	0.333	0.682
澄迈县	0.222	0	0	0	0	1.177	0.118	0.176	0.202	/
临高县	0	0	0	0	0	0.142	0.070	0.105	0.120	1.081
白沙黎族自治县	0.070	0.090	0.002	0	0	…	0	…	…	0.793
昌江黎族自治县	0.460	0.450	0.465	0.460	0.459	0.086	0.082	0.035	0.026	0.048
乐东黎族自治县	0.190	0.191	0.172	0.175	0.167	0.417	0.144	0.136	0.094	0.863
陵水黎族自治县	0.020	0	0	0	0	0.364	0.180	0.161	0.147	/
保亭黎族苗族自治县	0	0	0	0	0	0.043	0.083	0.117	0.002	0.170
琼中黎族苗族自治县	0.350	0.370	0.350	0	0.006	0.111	0.091	0.136	0.190	/

生活垃圾处理厂（场）废水（含渗滤液）中总铅排放量

单位：kg

行政区划名称	2011 年	2012 年	2013 年	2014 年	2015 年	2016 年	2017 年	2018 年	2019 年	2020 年
海南省	**7.159**	**14.146**	**2.677**	**2.483**	**2.797**	**45.029**	**21.675**	**15.746**	**12.339**	**7.403**
海口市	/	/	/	/	/	/	/	/	/	/
三亚市	0.530	0	0	0	1.093	1.454	0.207	2.073	2.493	0
三沙市	/	/	/	/	/	0.019	0.009	0.006	0.003	/
儋州市	0.070	0	0	0	0	0	0	0	0	0
洋浦经济开发区	/	8.910	/	/	/	/	/	/	/	/
五指山市	0	0	0	0	0	0.078	0.190	0.402	0.201	0
琼海市	0	0	0	0	0	0	0	0	0	/
文昌市	2.000	2.050	0	0.800	0	5.229	2.506	1.527	0.898	/
万宁市	0.060	0.060	0	0	0	0.464	0.222	0.136	0.080	1.140
东方市	0.081	0	0	0.008	0	0	0	0	0	0
定安县	0.094	0.094	0.094	0.094	0.094	0.926	0.240	0.173	0.150	0.507
屯昌县	0.062	0.062	0.062	0.062	0.062	0.579	0.277	0.169	0.099	0.974
澄迈县	1.312	0	0	0	0	34.400	17.090	10.417	6.124	/
临高县	0	0	0	0	0	0.209	0.100	0.061	0.036	2.162
白沙黎族自治县	0.200	0.270	0.010	0	0	…	0	…	…	1.221
昌江黎族自治县	1.240	1.200	1.261	1.209	1.208	0.065	0.117	0.046	0.002	0.048
乐东黎族自治县	0.510	0.500	0.300	0.310	0.320	1.032	0.208	0.375	0.285	1.351
陵水黎族自治县	0.050	0	0	0	0	0.089	0.260	0.210	1.884	/
保亭黎族苗族自治县	0	0	0	0	0	0.249	0.119	0.073	0.027	0
琼中黎族苗族自治县	0.950	1.000	0.950	0	0.020	0.235	0.130	0.079	0.058	/

生活垃圾处理厂（场）废水（含渗滤液）中总镉排放量

单位：kg

行政区划名称	2011 年	2012 年	2013 年	2014 年	2015 年	2016 年	2017 年	2018 年	2019 年	2020 年
海南省	**1.464**	**3.821**	**0.680**	**0.489**	**0.428**	**33.280**	**1.190**	**2.540**	**17.367**	**4.182**
海口市	/	/	/	/	/	/	/	/	/	/
三亚市	0.040	0	0	0	0.011	15.381	0.015	0.873	5.953	0
三沙市	/	/	/	/	/	0.012	…	0.001	0.004	/
儋州市	0.010	0	0	0	0	0	0	0	0	0
洋浦经济开发区	/	2.430	/	/	/	/	/	/	/	/
五指山市	0	0	0	0	0	0.074	0.038	0.033	0.064	0
琼海市	0	0	0	0	0	0	0	0	0	/
文昌市	0.550	0.560	0	0.065	0	1.196	0.051	0.072	0.422	/
万宁市	0.010	0.010	0	0	0	1.042	0.045	0.063	0.367	0.513
东方市	0.005	0	0	0.008	0	0	0	0	0	0
定安县	0.005	0.005	0.005	0.005	0.005	0.457	0.048	0.083	0.272	1.583
屯昌县	0.004	0.004	0.004	0.001	0.001	1.299	0.056	0.078	0.458	0.195
澄迈县	0.087	0	0	0	0	10.785	0.755	1.063	6.228	/
临高县	0	0	0	0	0	0.468	0.020	0.028	0.165	0.721
白沙黎族自治县	0.050	0.090	0.001	0	0	0	0	…	…	0.549
昌江黎族自治县	0.300	0.300	0.300	0.300	0.300	0.548	0.023	0.027	0.030	0.024
乐东黎族自治县	0.140	0.142	0.110	0.110	0.110	0.865	0.040	0.097	0.590	0.597
陵水黎族自治县	0.003	0	0	0	0	0.202	0.050	0.051	2.109	/
保亭黎族苗族自治县	0	0	0	0	0	0.557	0.024	0.034	0.196	0
琼中黎族苗族自治县	0.260	0.280	0.260	0	0.001	0.394	0.026	0.036	0.508	/

生活垃圾处理厂（场）废水（含渗滤液）中总汞排放量

单位：kg

行政区划名称	2011 年	2012 年	2013 年	2014 年	2015 年	2016 年	2017 年	2018 年	2019 年	2020 年
海南省	**0.379**	**0.954**	**0.220**	**0.168**	**0.164**	**0.113**	**0.094**	**0.183**	**0.046**	**0.245**
海口市	/	/	/	/	/	/	/	/	/	/
三亚市	0.004	0	0	0	0	0.001	0.011	0.088	0.011	0
三沙市	/	/	/	/	/	/	/	/	/	/
儋州市	0	0	0	0	0	0	0	0	0	0
洋浦经济开发区	/	0.567	/	/	/	/	/	/	/	/
五指山市	0	0	0	0	0	0	0	0	0	0
琼海市	0	0	0	0	0	0	0	0	0	/
文昌市	0.130	0.132	0	0.007	0	0.004	0.003	0.004	0.001	/
万宁市	0	0	0	0	0	0.011	0.009	0.012	0.003	0.034
东方市	0	0	0	0	0	0	0	0	0	0
定安县	0.054	0.054	0.054	0.054	0.054	…	0	0.001	0.005	0
屯昌县	0	0	0	0	0	0.014	0.011	0.015	0.003	0.039
澄迈县	0.011	0	0	0	0	0.041	0.024	0.031	0.007	/
临高县	0	0	0	0	0	0	0	0	0	0.072
白沙黎族自治县	0.010	0.020	0.001	0	0	0	0	0	0	0.037
昌江黎族自治县	0.080	0.080	0.080	0.080	0.080	0.006	0.005	0.006	0.001	0
乐东黎族自治县	0.030	0.031	0.025	0.027	0.030	0.018	0.012	0.012	…	0.063
陵水黎族自治县	0	0	0	0	0	0.012	0.010	0.008	0.013	/
保亭黎族苗族自治县	0	0	0	0	0	0.001	0.005	0.001	…	0
琼中黎族苗族自治县	0.060	0.070	0.060	0	0	0.006	0.005	0.007	0.001	/

生活垃圾处理厂（场）废水（含渗滤液）中总铬排放量

单位：kg

行政区划名称	2011 年	2012 年	2013 年	2014 年	2015 年	2016 年	2017 年	2018 年	2019 年	2020 年
海南省	**6.270**	**4.651**	**1.577**	**2.361**	**5.846**	**30.609**	**15.231**	**13.810**	**18.928**	**15.005**
海口市	/	/	/	/	/	/	/	/	/	/
三亚市	0.440	0	0	0	3.270	10.518	4.819	5.361	2.093	0
三沙市	/	/	/	/	/	0.005	0.003	0.002	0.002	/
儋州市	0.060	0	0	0	0	0	0	0	0	0
洋浦经济开发区	/	0	/	/	/	/	/	/	/	/
五指山市	0	0	0	0	0	0.144	0.285	0.220	0.181	0.311
琼海市	0	0	0	0	0	0	0	0	0	/
文昌市	1.820	1.850	0	0.420	0	1.044	0.541	0.433	0.400	/
万宁市	0.050	0.050	0	0	0	0.644	0.334	0.267	0.247	2.280
东方市	0.068	0	0	0.253	0	0	0	0	0	0
定安县	0.078	0.078	0.078	0.078	0.078	1.074	0.360	0.531	0.512	1.836
屯昌县	0.051	0.051	0.051	0.050	0.050	0.804	0.416	0.333	0.308	1.462
澄迈县	1.093	0	0	0	0	12.034	7.073	5.660	5.235	/
临高县	0	0	0	0	0	0.290	0.150	0.120	0.111	3.603
白沙黎族自治县	0.180	0.160	0.006	0	0	…	0	…	…	2.441
昌江黎族自治县	1.110	1.100	1.100	1.210	1.195	0.335	0.175	0.151	0.117	0.072
乐东黎族自治县	0.460	0.462	0.342	0.350	0.320	0.742	0.313	0.235	7.217	3.000
陵水黎族自治县	0	0	0	0	0	0.754	0.390	0.198	2.234	/
保亭黎族苗族自治县	0	0	0	0	0.033	0.300	0.179	0.143	0.132	0
琼中黎族苗族自治县	0.860	0.900	0	0	0.900	1.921	0.194	0.156	0.140	/

生活垃圾处理厂（场）废水（含渗滤液）中六价铬排放量

单位：kg

行政区划名称	2011 年	2012 年	2013 年	2014 年	2015 年	2016 年	2017 年	2018 年	2019 年	2020 年
海南省	**0.144**	**0.160**	**0.006**	**0.289**	**0.269**	**2.210**	**3.133**	**0.991**	**1.388**	**3.111**
海口市	/	/	/	/	/	/	/	/	/	/
三亚市	0.020	0	0	0	0	0.834	0.716	0.594	0.691	0
三沙市	/	/	/	/	/	0.001	0.001	…	…	/
儋州市	0	0	0	0	0	0	0	0	0	0
洋浦经济开发区	/	0	/	/	/	/	/	/	/	/
五指山市	0	0	0	0	0	0	0	0	0	0.041
琼海市	0	0	0	0	0	0	0	0	0	/
文昌市	0	0	0	0	0	0.111	0.172	0.037	0.042	/
万宁市	0	0	0	0	0	0.057	0.089	0.019	0.022	0.456
东方市	0	0	0	0.245	0	0.079	0.122	0.026	0.030	0
定安县	0	0	0	0	0	…	0	…	…	0.127
屯昌县	0	0	0	0	0	0.071	0.111	0.024	0.027	0.390
澄迈县	0	0	0	0	0	0.707	0.943	0.204	0.230	/
临高县	0	0	0	0	0	0.026	0.040	0.009	0.010	0.937
白沙黎族自治县	0.124	0.160	0.006	0	0	0.046	0.613	0.015	0.018	0.488
昌江黎族自治县	0	0	0	0.044	0.036	0.042	0.047	0.011	0.014	0.095
乐东黎族自治县	0	0	0	0	0	0.051	0.079	0.017	0.047	0.577
陵水黎族自治县	0	0	0	0	0	0.064	0.100	0.013	0.236	/
保亭黎族苗族自治县	0	0	0	0	0.033	0.093	0.048	0.010	0.012	0
琼中黎族苗族自治县	0	0	0	0	0.200	0.027	0.052	0.011	0.010	/

1.7 集中式污水处理厂处理情况

污水处理厂数量

单位：家

行政区划名称	2011 年	2012 年	2013 年	2014 年	2015 年	2016 年	2017 年	2018 年	2019 年	2020 年
海南省	**44**	**51**	**56**	**59**	**51**	**46**	**53**	**70**	**73**	**72**
海口市	6	9	10	10	10	12	12	24	25	22
三亚市	9	8	8	9	10	11	14	17	17	18
三沙市	/	0	0	0	0	0	0	1	1	1
儋州市	4	6	6	6	6	2	2	2	2	3
洋浦经济开发区	0	0	0	0	1	1	1	1	1	1
五指山市	1	1	1	1	1	1	1	1	1	1
琼海市	1	1	1	1	1	1	1	3	3	3
文昌市	2	3	3	3	2	1	1	1	2	2
万宁市	8	10	12	12	6	4	4	4	4	4
东方市	2	1	1	1	1	1	1	1	2	2
定安县	2	2	2	4	1	1	1	1	1	1
屯昌县	1	1	1	1	1	1	1	1	1	1
澄迈县	1	2	2	2	2	2	2	2	2	2
临高县	1	1	1	1	1	2	2	2	2	2
白沙黎族自治县	1	1	1	1	1	1	1	1	1	1
昌江黎族自治县	1	1	3	3	3	1	3	3	3	3
乐东黎族自治县	1	1	1	1	1	1	1	1	1	1
陵水黎族自治县	1	1	1	1	1	1	3	1	1	1
保亭黎族苗族自治县	1	1	1	1	1	1	1	2	2	2
琼中黎族苗族自治县	1	1	1	1	1	1	1	1	1	1

污水处理厂新增固定资产

单位：万元

行政区划名称	2011 年	2012 年	2013 年	2014 年	2015 年	2016 年	2017 年	2018 年	2019 年	2020 年
海南省	**1203.10**	**2401.40**	**952.00**	**29516.45**	**29484.82**	**9106.64**	**11209.00**	**28358.72**	**11257.83**	**62623.08**
海口市	1144.00	1.40	819.30	22011.45	26519.59	7132.19	328.33	1492.38	5800.64	184.22
三亚市	9.10	0	74.70	7500.00	460.23	601.33	8947.00	14249.34	1334.09	58459.46
三沙市	/	0	0	0	0	0	0	22.10	182.90	22.00
儋州市	0	0	0	0	0	0	0	6752.27	3259.11	3305.42
洋浦经济开发区	0	0	0	0	0	0.31	22.00	5400.00	170.00	84.59
五指山市	0	0	0	0	0	0	0	0	3.98	0
琼海市	0	0	0	0	0	·0	2.44	93.90	102.34	280.60
文昌市	30.00	2380.00	0	0	0	0	0	49.00	98.00	0.00
万宁市	0	0	0	0	0	20.81	750.00	43.00	20.56	1.58
东方市	0	0	0	0	0	0	0	0	54.05	76.00
定安县	0	0	0	0	0	0	0	238.00	7.26	0
屯昌县	0	0	34.00	0	0	0	0	0	0	0
澄迈县	0	0	0	0	0	0	20.31	0	145.13	114.03
临高县	0	0	0	0	200.00	0	11.77	0	0	38.05
白沙黎族自治县	0	0	0	0	0	0	0	0	20.82	5.03
昌江黎族自治县	0	0	0	0	0	0	209.30	0	0	0
乐东黎族自治县	0	0	0	0	0	0	5.51	0	0	0
陵水黎族自治县	0	0	0	0	112.00	0	912.35	18.73	52.15	47.02
保亭黎族苗族自治县	20.00	20.00	24.00	5.00	841.00	0	0	0	6.80	5.08
琼中黎族苗族自治县	0	0	0	0	1352.00	1352.00	0	0	0	0

污水处理厂运行费用

单位：万元

行政区划名称	2011 年	2012 年	2013 年	2014 年	2015 年	2016 年	2017 年	2018 年	2019 年	2020 年
海南省	**20394.43**	**15634.21**	**16867.58**	**16839.99**	**20429.06**	**24984.38**	**32882.41**	**33169.39**	**42117.24**	**51538.34**
海口市	14236.15	9727.26	9726.72	9742.34	11673.01	14050.52	15203.25	16396.21	16200.99	17989.45
三亚市	3620.89	3510.44	3796.54	3753.93	4724.62	5273.91	7581.57	7491.79	9505.54	13622.32
三沙市	/	0	0	0	0	0	0	59.05	137.60	151.00
儋州市	6.50	6.50	403.50	412.00	412.00	397.00	1056.70	1104.48	1259.27	1635.03
洋浦经济开发区	0	0	0	0	302.00	1270.38	1024.97	840.00	950.00	1253.00
五指山市	12.30	172.17	183.96	196.22	196.22	552.21	491.83	502.61	553.22	632.38
琼海市	385.68	0	404.89	0	0	0	786.17	1257.93	1580.14	1892.72
文昌市	272.16	15.00	155.50	177.50	172.00	0	638.02	663.03	1160.80	1251.17
万宁市	579.00	593.40	522.70	829.04	881.00	1204.56	1177.23	819.12	1422.79	1501.56
东方市	263.02	302.40	0	0	0	0	711.56	68.42	3554.57	3724.20
定安县	170.82	184.46	197.10	189.63	0	108.65	150.99	135.23	181.81	437.21
屯昌县	0	0	131.40	0	134.78	7.00	290.00	324.50	321.29	276.00
澄迈县	0	169.78	798.73	847.89	580.00	600.00	1048.37	1079.00	2136.08	1486.12
临高县	165.38	165.38	0	0	107.00	295.50	393.52	389.20	822.07	592.11
白沙黎族自治县	72.95	80.00	56.00	29.00	131.00	110.00	184.60	173.74	244.22	284.39
昌江黎族自治县	277.92	368.93	280.32	280.32	348.81	746.60	1028.60	744.60	994.60	904.60
乐东黎族自治县	116.00	116.00	0	130.00	130.00	130.00	328.78	328.78	248.20	2921.10
陵水黎族自治县	79.00	79.00	79.00	79.00	372.30	0	447.10	449.31	428.84	490.65
保亭黎族苗族自治县	56.94	61.49	66.00	75.00	156.00	129.73	132.22	150.51	204.01	301.10
琼中黎族苗族自治县	79.72	82.00	65.22	98.11	108.31	108.31	206.95	191.88	211.21	192.24

污水处理厂污水设计处理能力

单位：万 t/d

行政区划名称	2011 年	2012 年	2013 年	2014 年	2015 年	2016 年	2017 年	2018 年	2019 年	2020 年
海南省	**128.84**	**132.59**	**108.22**	**109.58**	**111.41**	**116.99**	**133.92**	**144.65**	**151.16**	**161.13**
海口市	84.50	55.76	56.16	57.12	59.62	60.44	60.97	65.16	64.18	68.59
三亚市	15.56	15.66	15.66	17.40	17.40	18.40	25.20	35.27	36.76	36.81
三沙市	/	0	0	0	0	0	0	0.18	0.18	0.18
儋州市	1.68	3.21	3.21	3.21	3.21	3.15	6.00	6.00	6.00	8.00
洋浦经济开发区	0	0	0	0	2.50	2.50	2.50	1.25	1.25	1.25
五指山市	1.40	1.40	1.40	/	/	1.40	1.40	/	1.40	1.40
琼海市	3.00	30.00	3.00	3.00	3.00	3.00	3.00	5.50	5.50	5.50
文昌市	3.15	3.23	3.23	3.23	3.15	3.00	3.00	3.00	5.00	5.00
万宁市	4.26	4.39	5.01	5.01	4.52	4.10	6.10	4.60	7.00	7.00
东方市	2.53	2.50	2.50	2.50	/	2.50	2.50	2.50	3.70	6.20
定安县	1.54	1.54	1.54	1.61	1.50	1.50	1.50	1.50	1.50	1.50
屯昌县	1.00	1.00	1.00	1.00	1.00	1.00	1.00	1.00	1.00	1.00
澄迈县	1.22	5.00	6.50	6.50	6.50	6.50	8.00	8.00	8.00	8.00
临高县	1.50	1.50	1.50	1.50	1.50	2.10	2.10	2.10	2.10	2.10
白沙黎族自治县	0.70	0.70	0.70	0.70	0.70	0.70	0.70	0.70	0.70	0.70
昌江黎族自治县	3.00	3.00	3.11	3.11	3.11	3.00	4.00	4.00	4.00	4.00
乐东黎族自治县	1.00	1.00	1.00	1.00	1.00	1.00	1.00	1.00	/	1.00
陵水黎族自治县	1.50	1.50	1.50	1.50	1.50	1.50	3.75	1.50	1.50	1.50
保亭黎族苗族自治县	0.50	0.50	0.50	0.50	0.50	0.50	0.50	0.70	0.70	0.70
琼中黎族苗族自治县	0.70	0.70	0.70	0.70	0.70	0.70	0.70	0.70	0.70	0.70

污水处理厂污水实际处理量

单位：万 t

行政区划名称	2011 年	2012 年	2013 年	2014 年	2015 年	2016 年	2017 年	2018 年	2019 年	2020 年
海南省	**35774.539**	**28328.332**	**28181.113**	**28402.919**	**31464.146**	**32436.379**	**34937.883**	**38398.644**	**42924.274**	**44294.150**
海口市	26538.240	17665.860	17768.110	16759.875	18385.079	18453.478	18470.437	20848.554	20831.895	20953.842
三亚市	3481.140	3828.232	3678.560	4336.650	5005.301	5689.659	6873.418	6896.542	9896.955	9332.229
三沙市	/	0	0	0	0	0	0	15.340	16.300	17.300
儋州市	498.230	877.028	760.738	1110.238	1029.738	1441.484	1749.862	1460.199	1513.601	2311.641
洋浦经济开发区	0	0	0	0	72.269	158.000	175.570	220.300	242.100	277.594
五指山市	226.630	226.000	226.000	320.660	331.628	358.259	337.478	448.288	451.243	497.868
琼海市	799.390	860.803	799.000	952.000	914.421	893.981	693.525	1276.175	1142.342	1442.099
文昌市	310.439	537.202	700.182	662.897	893.898	583.232	797.529	828.789	1422.622	1719.534
万宁市	883.300	930.750	909.620	882.220	957.320	827.710	635.692	1031.630	1344.659	1469.710
东方市	499.550	448.000	448.000	546.710	580.408	581.720	764.268	768.761	1070.953	1165.650
定安县	262.800	483.610	242.600	217.112	163.468	292.801	386.676	405.299	411.390	414.702
屯昌县	124.100	124.000	124.000	241.794	189.974	130.305	289.723	273.459	315.179	338.375
澄迈县	445.300	642.660	722.000	621.258	686.149	758.084	1193.181	1331.684	1568.329	1530.273
临高县	264.920	264.520	265.000	326.735	357.531	426.130	414.991	413.798	564.081	664.330
白沙黎族自治县	133.020	160.290	128.000	101.984	148.551	158.562	187.647	193.980	205.503	223.190
昌江黎族自治县	664.300	584.000	621.303	583.303	718.623	471.990	755.874	813.883	797.208	698.234
乐东黎族自治县	255.500	182.470	256.000	136.300	301.034	334.232	297.700	320.394	307.415	325.117
陵水黎族自治县	219.400	263.570	292.000	330.000	356.336	506.687	523.675	542.898	458.978	489.100
保亭黎族苗族自治县	16.800	97.337	110.000	123.764	170.948	143.493	137.189	113.843	135.765	206.399
琼中黎族苗族自治县	151.480	152.000	130.000	149.419	201.470	226.572	253.448	194.828	227.756	216.963

污水处理厂污泥产生量

单位：万 t

行政区划名称	2011 年	2012 年	2013 年	2014 年	2015 年	2016 年	2017 年	2018 年	2019 年	2020 年
海南省	**6.677**	**6.026**	**6.198**	**6.857**	**7.947**	**10.360**	**6.502**	**5.033**	**7.887**	**15.738**
海口市	4.844	4.181	4.536	4.503	4.913	6.255	4.574	2.105	2.000	5.546
三亚市	1.557	1.440	1.369	1.666	2.310	3.320	0.757	0.997	1.619	6.392
三沙市	/	0	0	0	0	0	0	0.002	…	…
儋州市	0.025	0.047	0.047	0.107	0.107	0.134	0.388	0.486	0.577	0.614
洋浦经济开发区	0	0	0	0	0	0	0	0	0	0.147
五指山市	0	0.007	0.003	0.003	0	0	0	0.001	0.016	0.015
琼海市	0.010	0.038	0.115	0.066	0.088	0.130	0.033	0.462	0.135	0.576
文昌市	0	0	0	0.131	0.088	0	0	0.022	0.663	0.667
万宁市	0.066	0.064	0.007	0.161	0.177	0.019	0.020	0.089	0.537	0.244
东方市	0.012	0.018	0.001	0.001	0.007	0.019	0.164	0.157	0.488	0.195
定安县	0.012	0.048	0.027	0.044	0.021	0.195	0.061	0.236	0.370	0.223
屯昌县	0.025	0.019	0.017	0.020	0.036	0	0.004	0.005	0.013	0.024
澄迈县	0.045	0.060	0.037	0.106	0.138	0.158	0.327	0.325	0.723	0.287
临高县	0.011	0.021	0	0	0	0	0	0	0.123	0.118
白沙黎族自治县	0.006	0.019	0.002	0	0	…	0.010	0.037	0.016	0.089
昌江黎族自治县	0.029	0.034	0.006	0.018	0.029	0.058	0.083	0.045	0.307	0.239
乐东黎族自治县	0.024	0.018	0.005	0.014	0.004	0.051	0.054	0.038	0.093	0.141
陵水黎族自治县	0.001	0.001	0.001	0.001	0.004	0.001	0.006	0.002	0.027	0.064
保亭黎族苗族自治县	0.002	0.003	0.011	0.010	0.010	0.006	0.006	0.014	0.126	0.109
琼中黎族苗族自治县	0.008	0.008	0.016	0.010	0.015	0.013	0.018	0.010	0.056	0.046

污水处理厂污泥处置量

单位：万 t

行政区划名称	2011 年	2012 年	2013 年	2014 年	2015 年	2016 年	2017 年	2018 年	2019 年	2020 年
海南省	**6.677**	**6.020**	**6.195**	**6.854**	**7.947**	**10.360**	**6.502**	**5.033**	**7.861**	**15.726**
海口市	4.844	4.181	4.536	4.503	4.913	6.255	4.574	2.105	1.990	5.536
三亚市	1.557	1.440	1.369	1.666	2.310	3.320	0.757	0.997	1.619	6.392
三沙市	/	0	0	0	0	0	0	0.002	0	0
儋州市	0.025	0.047	0.047	0.107	0.107	0.134	0.388	0.486	0.577	0.614
洋浦经济开发区	0	0	0	0	0	0	0	0	0	0.147
五指山市	0	0.007	0	0	0	0	0	0.001	0.016	0.015
琼海市	0.010	0.038	0.115	0.066	0.088	0.130	0.033	0.462	0.135	0.576
文昌市	0	0	0	0.131	0.088	0	0	0.022	0.663	0.667
万宁市	0.066	0.064	0.007	0.161	0.177	0.019	0.020	0.089	0.537	0.244
东方市	0.012	0.018	0.001	0.001	0.007	0.019	0.164	0.157	0.488	0.195
定安县	0.012	0.048	0.027	0.044	0.021	0.195	0.061	0.236	0.370	0.223
屯昌县	0.025	0.019	0.017	0.020	0.036	0	0.004	0.005	0.013	0.024
澄迈县	0.045	0.054	0.037	0.106	0.138	0.158	0.327	0.325	0.706	0.285
临高县	0.011	0.021	0	0	0	0	0	0	0.123	0.118
白沙黎族自治县	0.006	0.019	0.002	0	0	…	0.010	0.037	0.016	0.089
昌江黎族自治县	0.029	0.034	0.006	0.018	0.029	0.058	0.083	0.045	0.307	0.239
乐东黎族自治县	0.024	0.018	0.005	0.014	0.004	0.051	0.054	0.038	0.093	0.141
陵水黎族自治县	0.001	0.001	0.001	0.001	0.004	0.001	0.006	0.002	0.027	0.064
保亭黎族苗族自治县	0.002	0.003	0.011	0.010	0.010	0.006	0.006	0.014	0.126	0.109
琼中黎族苗族自治县	0.008	0.008	0.016	0.010	0.015	0.013	0.018	0.010	0.056	0.046

污水处理厂化学需氧量去除量

单位：t

行政区划名称	2011 年	2012 年	2013 年	2014 年	2015 年	2016 年	2017 年	2018 年	2019 年	2020 年
海南省	**59042.175**	**48298.506**	**49347.554**	**45485.734**	**54251.384**	**54228.092**	**55058.498**	**74500.636**	**70782.747**	**70926.550**
海口市	44953.260	32877.924	33502.898	28792.283	36610.582	34979.753	36190.283	47966.096	42857.279	40205.652
三亚市	7163.711	7171.427	6912.160	8114.929	10369.480	11850.850	11407.957	15118.633	15078.754	15535.536
三沙市	/	/	/	/	/	/	/	22.986	13.853	17.671
儋州市	548.093	785.108	777.262	868.264	1073.310	953.151	1102.190	2568.786	2481.842	2692.110
洋浦经济开发区	/	/	/	/	44.534	44.321	69.473	117.794	178.509	246.929
五指山市	235.695	232.780	235.040	180.852	241.249	329.598	292.762	442.684	699.427	383.358
琼海市	1177.501	884.044	1174.530	1402.296	964.714	1387.905	624.173	746.975	518.712	1139.126
文昌市	276.433	461.786	575.449	506.071	651.068	183.718	231.283	592.584	1353.174	1639.881
万宁市	1300.147	1401.316	1485.721	1343.209	1566.294	947.786	656.895	1038.680	1512.324	1489.979
东方市	550.600	494.300	492.800	601.381	208.473	398.478	617.146	978.633	1388.265	2535.818
定安县	361.496	430.348	219.418	249.362	90.986	500.982	726.564	843.022	962.653	220.140
屯昌县	155.125	155.000	155.000	302.242	237.467	46.779	96.188	134.815	106.215	282.315
澄迈县	529.907	1604.994	1952.273	1470.060	856.185	1336.398	1648.260	2464.272	1726.761	1973.705
临高县	226.506	226.164	226.575	58.812	67.573	65.008	67.226	120.871	592.478	581.180
白沙黎族自治县	103.968	172.792	87.040	49.462	27.481	81.659	76.935	65.953	127.412	198.590
昌江黎族自治县	803.803	706.640	771.567	725.587	351.081	84.958	126.860	364.311	235.771	567.305
乐东黎族自治县	246.813	172.142	206.387	120.230	274.121	182.992	192.017	220.271	175.995	378.456
陵水黎族自治县	197.460	226.670	285.634	326.469	403.906	564.956	436.561	477.750	498.887	457.099
保亭黎族苗族自治县	14.733	98.991	118.800	99.011	149.921	155.689	81.970	54.591	110.169	204.338
琼中黎族苗族自治县	196.924	196.080	169.000	275.214	62.959	133.111	413.754	160.928	164.269	177.361

污水处理厂氨氮去除量

单位：t

行政区划名称	2011 年	2012 年	2013 年	2014 年	2015 年	2016 年	2017 年	2018 年	2019 年	2020 年
海南省	**2289.009**	**2529.995**	**2113.287**	**2850.031**	**4083.282**	**4398.793**	**4781.902**	**7083.387**	**7411.007**	**8672.036**
海口市	1218.006	1043.334	961.569	1304.809	2161.848	2133.239	2231.673	3739.547	3752.082	4648.204
三亚市	432.955	664.700	435.704	809.194	1044.002	1242.421	1478.378	2018.202	2059.761	2279.152
三沙市	/	/	/	/	/	/	/	2.442	3.647	2.807
儋州市	53.627	109.765	89.687	122.534	124.758	139.574	147.184	135.500	150.503	289.602
洋浦经济开发区	/	/	/	/	11.100	14.347	27.723	41.593	57.473	65.471
五指山市	28.011	43.007	28.024	15.391	41.009	54.741	53.862	77.688	49.411	35.996
琼海市	107.118	86.941	107.066	127.568	106.072	113.401	76.357	179.686	163.062	211.355
文昌市	13.982	45.344	59.151	57.875	68.362	68.646	76.164	121.335	177.941	207.041
万宁市	54.534	60.343	58.112	64.272	75.350	52.133	53.915	85.854	167.308	143.261
东方市	55.346	48.141	47.936	58.497	57.580	128.618	119.692	141.529	227.641	216.966
定安县	50.654	97.254	11.371	25.247	25.876	43.071	59.935	79.844	47.516	33.724
屯昌县	4.839	4.836	4.836	9.429	9.118	8.326	33.434	38.530	37.317	68.213
澄迈县	31.972	106.301	90.813	70.897	137.098	109.314	134.978	128.157	237.251	155.989
临高县	26.492	26.452	26.500	15.389	31.426	29.558	34.096	57.133	68.523	70.588
白沙黎族自治县	15.044	17.615	9.600	6.588	8.853	22.182	33.420	41.799	29.387	35.052
昌江黎族自治县	120.902	106.288	108.497	101.581	75.042	30.820	24.226	64.284	75.945	79.301
乐东黎族自治县	33.981	22.626	21.708	13.125	35.130	72.618	51.800	50.103	21.827	30.025
陵水黎族自治县	28.960	26.357	32.353	27.918	24.230	90.235	102.045	56.233	55.154	69.486
保亭黎族苗族自治县	1.680	9.899	11.000	9.901	17.094	24.784	24.241	14.577	13.042	21.464
琼中黎族苗族自治县	10.906	10.792	9.360	9.816	29.334	20.765	18.781	9.352	16.216	8.338

污水处理厂总氮去除量

单位：t

行政区划名称	2011 年	2012 年	2013 年	2014 年	2015 年	2016 年	2017 年	2018 年	2019 年	2020 年
海南省	**3788.583**	**3006.708**	**2973.356**	**2856.443**	**3527.857**	**4047.944**	**4564.242**	**7508.385**	**7871.928**	**9056.092**
海口市	2397.713	1560.906	1797.701	1412.510	1635.549	1651.072	2031.577	3925.699	3572.106	4953.139
三亚市	741.259	711.200	660.458	855.326	826.729	1276.291	1257.730	1945.785	2501.730	2463.403
三沙市	/	/	/	/	/	/	/	4.190	4.427	4.251
儋州市	45.639	71.433	68.786	103.736	107.655	134.619	140.921	288.903	260.084	249.060
洋浦经济开发区	/	/	/	/	17.373	7.116	14.133	25.995	29.581	48.417
五指山市	43.467	50.601	0	19.239	49.031	58.897	67.293	110.055	32.309	20.910
琼海市	121.507	99.853	0	0	88.698	160.022	95.013	298.941	213.626	189.302
文昌市	4.319	0	0	0	67.446	84.335	104.636	112.135	156.309	167.367
万宁市	81.070	72.290	39.843	44.682	93.252	78.069	53.341	94.110	138.030	184.282
东方市	65.667	40.262	0	92.667	63.483	97.438	141.879	131.228	186.093	188.417
定安县	0	75.041	35.568	16.123	39.209	49.746	59.935	69.711	59.775	28.227
屯昌县	11.801	10.701	10.701	6.020	7.978	6.749	30.363	31.776	19.919	55.456
澄迈县	63.811	115.435	195.356	169.353	220.815	106.622	139.280	150.858	289.128	207.178
临高县	27.127	27.086	27.136	11.501	29.567	45.481	47.334	54.577	66.107	64.599
白沙黎族自治县	12.969	14.602	0	8.464	7.977	29.159	41.489	45.314	32.034	41.460
昌江黎族自治县	75.929	53.552	96.652	90.963	105.292	26.148	89.270	66.619	151.908	44.031
乐东黎族自治县	32.244	21.732	22.400	11.367	33.414	77.297	71.448	54.579	86.230	37.740
陵水黎族自治县	33.129	36.636	0	0	69.236	103.029	127.656	72.406	47.784	77.506
保亭黎族苗族自治县	0	14.522	18.755	14.492	49.660	39.179	28.769	15.570	13.314	20.384
琼中黎族苗族自治县	30.932	30.856	0	0	15.493	16.675	22.177	9.936	11.433	10.965

污水处理厂总磷去除量

单位：t

行政区划名称	2011 年	2012 年	2013 年	2014 年	2015 年	2016 年	2017 年	2018 年	2019 年	2020 年
海南省	**1105.003**	**666.832**	**835.509**	**509.414**	**658.193**	**617.763**	**758.836**	**1385.190**	**1249.882**	**1159.021**
海口市	1008.195	450.950	632.524	286.334	382.924	285.676	432.744	919.103	822.435	612.199
三亚市	11.536	79.846	74.241	87.313	120.395	147.913	130.801	191.114	187.765	246.594
三沙市	/	/	/	/	/	/	/	0	0.827	0.792
儋州市	6.264	10.337	10.089	13.969	13.075	13.309	16.331	28.090	33.684	52.985
洋浦经济开发区	/	/	/	/	1.566	6.847	10.921	11.852	5.204	6.868
五指山市	3.966	1.740	0	0	4.394	5.320	6.277	7.473	21.885	7.468
琼海市	16.547	13.859	0	0	9.876	0	7.976	15.550	13.663	19.800
文昌市	1.971	0	0	0	2.385	4.316	4.386	9.034	26.313	32.126
万宁市	15.089	15.019	9.909	10.249	11.208	9.774	10.440	21.423	23.382	17.743
东方市	5.220	4.077	0	49.040	4.087	9.249	8.063	19.527	13.030	32.273
定安县	3.897	9.709	36.252	10.749	8.697	20.028	21.886	22.981	22.914	11.180
屯昌县	1.378	1.290	1.048	1.814	0.855	0.534	3.824	3.200	3.908	21.212
澄迈县	7.392	58.873	59.366	41.125	35.114	74.231	65.116	46.201	26.450	50.164
临高县	2.941	2.936	2.942	1.372	2.252	2.305	2.777	16.549	12.055	9.737
白沙黎族自治县	2.208	2.228	0	1.520	0.802	7.088	4.635	2.3084	3.011	3.198
昌江黎族自治县	8.636	5.490	4.380	3.112	4.429	1.038	0.534	5.5105	4.774	7.924
乐东黎族自治县	4.292	2.701	3.405	1.568	6.262	7.844	9.050	9.762	4.027	6.184
陵水黎族自治县	2.896	3.690	0	0	44.275	13.453	20.768	50.245	21.516	9.866
保亭黎族苗族自治县	0	1.489	1.353	1.250	2.838	3.649	0	1.957	1.809	2.872
琼中黎族苗族自治县	2.575	2.599	0	0	2.760	5.189	2.306	3.312	1.230	7.837

2

废气篇

2.1 废气主要污染物排放总量

二氧化硫排放总量

单位：t

行政区划名称	2011 年	2012 年	2013 年	2014 年	2015 年	2016 年	2017 年	2018 年	2019 年	2020 年
海南省	**32572.387**	**34136.857**	**32414.148**	**32563.908**	**32300.063**	**13362.997**	**9659.444**	**8091.767**	**6873.527**	**5890.321**
海口市	2024.129	1908.660	1809.258	1792.072	2539.840	1044.832	752.347	708.312	239.017	475.138
三亚市	197.460	89.260	53.558	72.294	280.100	366.712	373.357	365.592	439.445	157.025
三沙市	/	0	0	0	0	13.591	6.418	4.197	3.918	11.789
儋州市	486.408	581.380	657.320	669.360	690.543	471.835	364.596	320.160	257.012	260.479
洋浦经济开发区	9331.223	9625.374	10527.750	12422.833	11549.990	1807.719	1465.118	1238.310	909.207	560.516
五指山市	100.590	101.110	102.644	41.970	43.350	26.376	43.421	36.956	29.099	4.958
琼海市	312.482	304.300	121.104	272.135	274.979	65.731	24.247	71.886	45.650	19.214
文昌市	96.962	158.040	158.830	194.484	259.530	134.039	190.998	190.059	233.929	48.913
万宁市	156.420	156.920	162.140	168.019	170.159	161.684	243.015	196.040	283.034	4.547
东方市	5306.103	6449.560	5445.587	5813.158	4217.650	1918.222	995.958	583.693	641.415	518.398
定安县	46.120	48.742	50.598	52.923	55.590	6.674	53.986	45.727	71.995	630.130
屯昌县	132.570	148.620	174.381	173.040	190.100	104.790	92.998	80.816	70.607	2.011
澄迈县	11159.414	10373.290	8948.264	6581.405	5878.090	3400.241	1726.836	1306.111	1057.644	1358.026
临高县	118.629	148.621	138.268	90.309	155.332	601.821	562.270	416.001	441.513	53.858
白沙黎族自治县	119.760	123.730	142.890	131.334	144.407	69.686	62.963	148.652	110.463	297.400
昌江黎族自治县	2728.593	3592.398	3546.066	3713.400	3420.002	1730.289	1735.088	1758.213	1628.717	1376.714
乐东黎族自治县	161.080	165.760	141.740	149.620	2236.660	1257.864	752.654	440.480	191.587	75.156
陵水黎族自治县	50.176	42.372	96.202	106.000	84.450	32.938	78.057	62.832	76.354	7.951
保亭黎族苗族自治县	16.243	9.222	10.000	8.670	1.890	29.250	31.059	41.230	38.452	1.202
琼中黎族苗族自治县	28.020	109.498	127.549	110.882	107.401	118.704	104.059	76.501	104.469	26.896

注：①2011—2015 年二氧化硫排放总量统计范围：重点与非重点调查工业源污染排放情况、城镇生活源污染排放情况、生活垃圾处理厂（场）污染排放情况、危险废物（医疗废物）集中处理厂污染排放情况。

②2016—2019 年二氧化硫排放总量统计范围：重点调查工业源污染排放情况、城镇生活源污染排放情况、生活垃圾处理厂（场）污染排放情况、危险废物（医疗废物）集中处理厂污染排放情况。

③2020 年二氧化硫排放总量统计范围：重点调查工业源污染排放情况、生活及其他废气污染排放情况、危险废物（医疗废物）集中处理厂污染排放情况。

氮氧化物排放总量

单位：t

行政区划名称	2011 年	2012 年	2013 年	2014 年	2015 年	2016 年	2017 年	2018 年	2019 年	2020 年
海南省	**95512.960**	**103446.690**	**100248.592**	**95001.897**	**89518.244**	**55962.911**	**55286.811**	**49064.443**	**48738.796**	**40669.222**
海口市	10015.446	10350.683	10289.235	9627.826	9813.010	893.893	797.363	738.866	423.288	7700.395
三亚市	4312.300	4451.420	4518.415	4189.095	4441.620	356.130	264.907	290.441	402.134	4010.925
三沙市	/	0	0	0	0	7.685	8.105	4.902	4.892	9.523
儋州市	2920.340	3728.950	3678.560	3785.400	3301.020	1082.176	812.902	679.938	577.013	1915.287
洋浦经济开发区	13482.062	12794.391	12584.859	14439.859	13197.656	9274.456	8357.539	7160.263	8660.070	4950.025
五指山市	623.280	658.660	526.231	459.580	487.983	32.572	27.103	23.787	22.349	377.980
琼海市	1387.200	1539.026	2157.513	2041.672	2008.023	97.303	91.597	85.019	78.717	1238.073
文昌市	1703.920	1969.495	1663.650	1695.240	1910.950	629.889	256.182	274.379	271.057	886.492
万宁市	831.360	878.620	1257.975	1190.994	1209.194	114.233	277.153	159.126	98.347	864.293
东方市	8150.378	10981.770	8878.631	12609.714	10484.340	3295.239	3143.477	2633.611	2900.277	3871.350
定安县	972.438	1129.356	2189.736	1783.640	1814.032	65.748	74.930	58.716	76.792	795.103
屯昌县	767.704	767.080	732.750	628.270	681.720	59.067	47.724	34.174	35.301	330.955
澄迈县	29390.876	30704.690	26775.231	20994.310	17918.880	3657.433	3782.197	2637.836	2214.772	2344.030
临高县	894.087	955.081	860.964	764.760	861.740	151.990	252.812	246.079	228.925	602.419
白沙黎族自治县	366.330	330.680	400.250	354.795	390.727	69.077	65.955	97.070	79.076	347.958
昌江黎族自治县	18249.440	20548.628	20751.672	17788.115	17864.161	8579.018	8145.534	6327.634	6365.774	7918.730
乐东黎族自治县	704.330	750.031	963.067	817.040	1588.840	1550.562	1618.944	1057.440	465.526	850.931
陵水黎族自治县	266.075	354.776	1050.950	979.660	940.120	52.744	118.255	93.213	86.094	899.872
保亭黎族苗族自治县	173.379	215.120	470.459	434.962	283.538	28.833	20.197	18.064	30.268	431.692
琼中黎族苗族自治县	302.015	338.233	498.444	416.965	320.690	54.879	65.017	54.340	59.556	323.188

注：①2011—2015 年氮氧化物排放总量统计范围：重点与非重点调查工业源污染排放情况、城镇生活源污染排放情况、生活垃圾处理厂（场）污染排放情况、危险废物（医疗废物）集中处理厂污染排放情况、移动源污染排放情况。

②2016—2019 年氮氧化物排放总量统计范围：重点调查工业源污染排放情况、城镇生活源污染排放情况、生活垃圾处理厂（场）污染排放情况、危险废物（医疗废物）集中处理厂污染排放情况、移动源污染排放全省总量情况（各市、县移动源污染排放未统计，详见 2.6 移动源废气污染排放情况）。

③2020 年氮氧化物排放总量统计范围：重点调查工业源污染排放情况、生活及其他废气污染排放情况、危险废物（医疗废物）集中处理厂污染排放情况、移动源污染排放情况。

颗粒物排放总量

单位：t

行政区划名称	2011 年	2012 年	2013 年	2014 年	2015 年	2016 年	2017 年	2018 年	2019 年	2020 年
海南省	**15823.644**	**16603.598**	**18003.176**	**23171.244**	**20399.999**	**22487.589**	**17349.577**	**15978.912**	**23110.977**	**9856.512**
海口市	1846.577	1932.255	2313.990	2386.877	2238.397	1017.010	1714.084	1542.405	2907.802	235.549
三亚市	917.432	803.628	701.497	1660.883	1417.280	931.894	1182.050	1435.156	2594.572	1718.054
三沙市	/	0	0	0	0	2.448	6.837	6.170	7.363	0.935
儋州市	1282.800	992.868	676.163	1061.064	847.241	1402.969	2125.196	2173.631	2411.752	830.092
洋浦经济开发区	2145.145	1082.330	1392.471	2007.540	1604.600	1063.872	917.482	1024.608	1180.405	338.758
五指山市	133.646	154.330	175.350	308.620	289.267	4777.251	354.714	390.639	861.047	32.993
琼海市	179.132	419.908	241.367	251.453	251.403	166.842	376.898	363.654	447.031	127.188
文昌市	204.729	557.831	570.335	228.295	314.015	498.061	561.653	484.582	883.850	86.819
万宁市	237.150	236.230	276.408	276.888	270.908	191.235	278.212	323.700	244.982	41.850
东方市	1467.334	2487.803	2912.562	2827.154	1267.157	1622.002	1189.040	596.885	687.320	673.603
定安县	767.027	361.073	371.335	443.800	450.955	24.708	88.688	137.629	162.393	33.299
屯昌县	836.397	976.520	151.441	321.712	301.829	344.224	432.557	426.433	475.884	115.701
澄迈县	2347.540	2507.490	3511.716	3861.015	4010.262	5464.306	2874.084	1556.505	2077.313	1795.148
临高县	390.481	323.493	267.318	515.640	726.112	469.176	785.467	702.008	713.716	114.788
白沙黎族自治县	426.806	320.620	310.730	378.122	395.833	311.773	506.267	475.018	1298.904	57.606
昌江黎族自治县	1745.108	2509.466	3560.477	5908.479	5266.996	2550.758	1932.649	2391.966	2916.177	3099.461
乐东黎族自治县	118.921	265.564	146.823	211.350	284.160	567.633	218.644	121.461	1492.470	325.559
陵水黎族自治县	469.351	472.760	163.990	110.752	94.140	47.522	683.968	652.082	791.228	140.105
保亭黎族苗族自治县	227.454	117.137	133.415	210.630	199.840	356.195	439.960	439.948	378.902	16.291
琼中黎族苗族自治县	80.614	82.292	125.788	200.970	169.605	215.077	252.586	334.622	221.698	72.713

注：①2011—2015 年颗粒物排放总量统计范围：重点与非重点调查工业源污染排放情况、城镇生活源污染排放情况、生活垃圾处理厂（场）污染排放情况、危险废物（医疗废物）集中处理厂污染排放情况、移动源污染排放情况。

②2016—2019 年颗粒物排放总量统计范围：重点调查工业源污染排放情况、城镇生活源污染排放情况、生活垃圾处理厂（场）污染排放情况、危险废物（医疗废物）集中处理厂污染排放情况、移动源污染排放全省总量情况（各市、县移动源污染排放未统计，详见 2.6 移动源废气污染排放情况）。

③2020 年颗粒物排放总量统计范围：重点调查工业源污染排放情况、生活及其他废气污染排放情况、危险废物（医疗废物）集中处理厂污染排放情况、移动源污染排放情况。

挥发性有机物排放总量

单位：t

行政区划名称	2011 年	2012 年	2013 年	2014 年	2015 年	2016 年	2017 年	2018 年	2019 年	2020 年
海南省	/	/	/	/	/	**24115.805**	**27255.970**	**24112.842**	**14041.358**	**24138.161**
海口市	/	/	/	/	/	7370.331	128.403	49.363	28.141	7682.061
三亚市	/	/	/	/	/	2752.730	297.485	346.248	353.586	2389.804
三沙市	/	/	/	/	/	0	0	0	0	1.870
儋州市	/	/	/	/	/	1307.414	6.415	1.996	2.243	1282.259
洋浦经济开发区	/	/	/	/	/	2131.775	1342.019	1431.080	1475.991	1238.669
五指山市	/	/	/	/	/	289.402	43.409	18.895	24.041	333.575
琼海市	/	/	/	/	/	1350.121	49.487	53.610	40.915	1122.288
文昌市	/	/	/	/	/	966.732	10.521	10.031	8.545	850.725
万宁市	/	/	/	/	/	870.540	0.850	0.845	0.754	822.858
东方市	/	/	/	/	/	1836.160	1187.598	653.936	583.453	1331.141
定安县	/	/	/	/	/	274.070	46.760	62.765	122.906	517.488
屯昌县	/	/	/	/	/	367.165	3.005	3.037	3.046	343.966
澄迈县	/	/	/	/	/	1586.263	125.754	96.894	77.583	3153.661
临高县	/	/	/	/	/	562.362	3.407	5.380	4.862	517.059
白沙黎族自治县	/	/	/	/	/	379.285	3.733	53.969	145.699	297.580
昌江黎族自治县	/	/	/	/	/	198.870	103.356	865.848	820.200	376.351
乐东黎族自治县	/	/	/	/	/	818.320	43.935	39.950	0.466	679.947
陵水黎族自治县	/	/	/	/	/	538.030	3.999	3.291	3.421	602.787
保亭黎族苗族自治县	/	/	/	/	/	270.314	0.824	0.805	0.232	313.380
琼中黎族苗族自治县	/	/	/	/	/	245.921	1.011	0.899	0.725	280.693

注：①2011—2015 年生态环境统计未开展挥发性有机物调查。

②2016 年挥发性有机物排放总量统计范围：重点调查工业源污染排放情况、移动源污染排放情况。

③2017—2019 年挥发性有机物排放总量统计范围：重点与非重点调查工业源污染排放情况、城镇生活源污染排放情况、移动源污染排放全省总量情况（各市、县移动源污染排放未统计，详见 2.6 移动源废气污染排放情况）。

④2020 年挥发性有机物排放总量统计范围：重点调查工业源污染排放情况、生活及其他废气污染排放情况、移动源污染排放情况。

2.2 重点调查工业企业废气污染排放及处理情况

重点调查工业企业数量

单位：家

行政区划名称	2011 年	2012 年	2013 年	2014 年	2015 年	2016 年	2017 年	2018 年	2019 年	2020 年
海南省	**483**	**460**	**458**	**496**	**528**	**514**	**519**	**507**	**666**	**617**
海口市	100	99	112	111	101	94	110	101	164	152
三亚市	24	24	26	23	23	15	14	15	47	45
三沙市	/	/	/	/	/	/	/	/	2	2
儋州市	38	34	37	39	35	30	36	36	37	37
洋浦经济开发区	9	10	10	12	14	14	13	13	12	13
五指山市	13	11	12	9	9	7	7	6	8	8
琼海市	33	33	33	39	42	42	39	39	38	36
文昌市	48	51	39	39	43	45	47	47	56	50
万宁市	42	38	37	37	37	29	30	29	36	17
东方市	23	22	22	26	26	13	15	14	18	17
定安县	26	19	18	17	24	23	24	23	30	30
屯昌县	9	8	8	9	10	8	5	7	6	7
澄迈县	29	26	21	44	59	100	86	82	93	94
临高县	19	20	19	19	19	17	19	18	21	19
白沙黎族自治县	11	10	11	15	22	18	14	17	23	21
昌江黎族自治县	17	18	19	17	17	16	17	19	29	27
乐东黎族自治县	9	9	9	11	19	19	19	19	20	18
陵水黎族自治县	5	2	1	3	4	4	5	5	5	5
保亭黎族苗族自治县	19	17	15	15	15	11	12	10	7	6
琼中黎族苗族自治县	9	9	9	11	9	9	7	7	14	13

工业企业废气治理设施数

单位：套

行政区划名称	2011 年	2012 年	2013 年	2014 年	2015 年	2016 年	2017 年	2018 年	2019 年	2020 年
海南省	**502**	**555**	**823**	**1058**	**1032**	**1098**	**1375**	**836**	**1155**	**745**
海口市	32	42	61	52	66	72	92	104	184	104
三亚市	20	0	10	20	26	27	24	26	129	112
三沙市	/	/	/	/	/	/	/	/	2	1
儋州市	41	35	101	139	76	82	192	157	197	56
洋浦经济开发区	9	11	10	41	54	34	43	50	50	30
五指山市	6	6	8	5	6	24	22	20	21	22
琼海市	3	3	6	8	6	11	39	44	44	35
文昌市	0	0	1	1	3	23	32	29	36	36
万宁市	1	9	8	38	38	17	16	13	30	12
东方市	13	15	15	20	41	13	28	28	40	43
定安县	16	14	10	8	22	22	19	17	22	17
屯昌县	4	3	6	38	40	36	32	3	3	5
澄迈县	116	166	288	377	306	356	347	235	238	138
临高县	10	11	13	16	17	15	17	15	17	16
白沙黎族自治县	12	12	13	13	25	21	4	22	34	21
昌江黎族自治县	217	226	269	277	290	331	443	49	55	56
乐东黎族自治县	1	1	0	0	10	9	12	12	27	16
陵水黎族自治县	1	1	0	0	0	1	5	4	4	7
保亭黎族苗族自治县	0	0	4	5	5	3	2	2	7	6
琼中黎族苗族自治县	0	0	0	0	1	1	6	6	15	12

工业企业废气治理设施处理能力

单位：万 m^3/h

行政区划名称	2011 年	2012 年	2013 年	2014 年	2015 年	2016 年	2017 年	2018 年	2019 年	2020 年
海南省	**2517.129**	**3002.992**	**3743.239**	**3617.789**	**4197.167**	**11687.203**	**5258.721**	**5082.620**	**11564.660**	**10698.125**
海口市	41.805	62.185	102.579	51.746	87.115	255.066	412.718	221.938	3181.487	178.965
三亚市	0	0	103.259	287.044	294.606	369.937	251.796	272.106	187.655	354.106
三沙市	/	/	/	/	/	/	/	/	0.008	0.008
儋州市	209.450	158.000	203.302	268.142	187.792	144.704	351.488	446.766	3546.175	526.574
洋浦经济开发区	599.400	390.070	389.100	589.430	612.110	678.176	872.174	884.197	929.574	1777.200
五指山市	8.200	8.200	23.500	0.187	0.186	9.999	11.419	11.719	12.619	12.710
琼海市	8.050	8.050	8.000	8.000	8.004	11.896	165.434	177.697	179.697	118.913
文昌市	0	0	4	0	4.563	68.900	173.444	152.144	160.644	479.689
万宁市	0.200	19.200	5.033	47.200	52.200	30.005	337.552	71.600	126.126	10.862
东方市	382.362	751.012	1229.812	501.274	640.603	7730.957	556.563	554.347	661.951	2252.903
定安县	22.630	17.450	2.100	2.387	20.271	29.000	140.300	153.100	158.900	40.435
屯昌县	2.330	0.101	46.100	86.881	89.881	43.881	40.881	47.521	79.900	95.380
澄迈县	358.182	262.234	823.317	467.947	780.560	918.035	941.254	1072.596	1189.028	1743.650
临高县	81.523	143.523	24.527	25.163	25.181	155.580	108.944	103.464	134.628	426.940
白沙黎族自治县	81.452	7.870	10.880	12.335	19.700	21.614	13.603	33.214	44.794	40.249
昌江黎族自治县	720.225	1173.477	765.818	1265.704	1260.145	996.633	626.105	621.166	661.662	2262.470
乐东黎族自治县	0.120	0.120	0	0	110.000	220.300	240.850	240.850	290.950	320.611
陵水黎族自治县	1.200	1.500	0	0	0	0	2.393	1.893	1.893	50.529
保亭黎族苗族自治县	0	0	1.900	4.200	4.200	1.600	1.300	1.300	0.425	0.417
琼中黎族苗族自治县	0	0	0	0	0.050	0.920	10.504	15.004	16.545	5.517

工业企业废气治理设施运行费用

单位：万元

行政区划名称	2011 年	2012 年	2013 年	2014 年	2015 年	2016 年	2017 年	2018 年	2019 年	2020 年
海南省	**37135.60**	**55571.50**	**36377.40**	**68704.70**	**175294.70**	**77965.70**	**63593.73**	**60497.59**	**66769.45**	**91324.12**
海口市	169.70	416.90	2089.70	2057.10	89343.30	2156.90	3291.95	2316.43	1406.10	1363.54
三亚市	11.20	0	1103.30	2850.00	2368.00	2847.80	3345.99	3351.17	4026.76	4042.46
三沙市	/	/	/	/	/	/	/	/	10.00	10.00
儋州市	422.90	178.10	495.20	1240.30	1431.30	354.00	1360.09	1299.61	1575.46	2926.98
洋浦经济开发区	7201.30	16425.80	7042.50	11760.80	16696.50	17001.30	14864.49	17784.16	20051.55	22544.39
五指山市	24.80	24.80	32.50	40.40	55.00	51.60	33.82	84.26	96.30	59.00
琼海市	64.20	71.00	95.00	145.00	110.00	99.00	332.10	413.70	482.00	578.51
文昌市	0	0	40.00	2.40	39.10	318.30	618.05	727.54	692.71	820.40
万宁市	2.00	31.70	18.50	21.10	29.50	58.50	489.65	363.98	2201.67	391.10
东方市	9036.50	16942.70	3279.10	24322.40	28171.00	18609.40	2382.90	2984.70	3483.06	26877.18
定安县	8.80	5.60	7.00	6.00	9.10	8.80	31.80	27.60	71.40	233.92
屯昌县	121.00	130.00	120.00	216.40	222.00	123.00	65.00	71.00	67.60	281.12
澄迈县	12243.00	13841.00	13815.30	19198.30	27658.60	22014.50	23920.03	18825.35	19615.89	20093.90
临高县	571.10	531.70	81.50	165.80	170.70	533.90	492.30	528.90	447.80	1069.65
白沙黎族自治县	20.00	32.30	38.00	50.50	124.70	102.50	44.00	171.68	259.04	228.04
昌江黎族自治县	7201.70	6903.90	8115.80	6623.60	7916.40	6288.10	9250.05	8159.21	9533.32	5343.21
乐东黎族自治县	3.00	26.00	0	0	850.00	7335.00	2462.91	2782.72	2443.03	3377.33
陵水黎族自治县	34.40	10.00	0	0	0	10.00	588.00	583.00	201.00	799.80
保亭黎族苗族自治县	0	0	4.00	4.60	4.50	2.10	13.80	11.28	31.06	208.50
琼中黎族苗族自治县	0	0	0	0	95.00	51.00	6.80	11.30	73.70	74.90

工业企业废气治理设施——脱硫设施数量

单位：套

行政区划名称	2011 年	2012 年	2013 年	2014 年	2015 年	2016 年	2017 年	2018 年	2019 年	2020 年
海南省	**32**	**16**	**17**	**44**	**74**	**81**	**134**	**122**	**135**	**99**
海口市	0	0	0	0	6	8	20	15	3	0
三亚市	0	0	0	0	2	1	3	3	5	7
三沙市	/	/	/	/	/	/	/	/	0	0
儋州市	0	0	1	1	2	4	14	14	14	15
洋浦经济开发区	3	3	3	6	17	7	9	10	10	8
五指山市	0	0	0	0	0	0	0	0	1	0
琼海市	1	1	1	1	2	2	9	8	8	5
文昌市	0	0	0	0	1	11	11	8	10	9
万宁市	0	0	0	17	17	4	13	12	24	1
东方市	2	4	4	4	8	4	8	8	8	9
定安县	0	0	0	0	0	0	1	1	1	1
屯昌县	0	0	0	0	0	0	0	0	0	1
澄迈县	26	8	8	15	15	19	19	17	19	13
临高县	0	0	0	0	0	9	6	6	8	8
白沙黎族自治县	0	0	0	0	0	0	3	4	4	4
昌江黎族自治县	0	0	0	0	2	6	11	10	11	9
乐东黎族自治县	0	0	0	0	2	5	5	5	8	6
陵水黎族自治县	0	0	0	0	0	1	2	1	1	1
保亭黎族苗族自治县	0	0	0	0	0	0	0	0	0	0
琼中黎族苗族自治县	0	0	0	0	0	0	0	0	0	2

工业企业废气治理设施——脱硝设施数量

单位：套

行政区划名称	2011 年	2012 年	2013 年	2014 年	2015 年	2016 年	2017 年	2018 年	2019 年	2020 年
海南省	**2**	**4**	**8**	**33**	**45**	**34**	**68**	**65**	**74**	**44**
海口市	0	0	0	0	0	0	7	3	6	0
三亚市	0	0	0	2	4	2	5	5	6	5
三沙市	/	/	/	/	/	/	/	/	0	0
儋州市	0	0	1	0	0	2	1	1	5	1
洋浦经济开发区	0	0	0	15	16	7	8	9	8	6
五指山市	0	0	0	0	0	0	1	1	1	0
琼海市	0	0	0	0	0	0	7	7	5	1
文昌市	0	0	0	0	0	0	0	1	1	3
万宁市	0	0	0	0	0	0	9	9	8	0
东方市	2	4	4	4	4	4	5	5	5	7
定安县	0	0	0	0	0	0	0	0	0	0
屯昌县	0	0	0	0	0	0	0	0	0	1
澄迈县	0	0	0	3	8	9	10	9	8	10
临高县	0	0	0	0	0	4	4	4	6	0
白沙黎族自治县	0	0	0	0	0	0	0	0	0	0
昌江黎族自治县	0	0	3	9	9	4	9	9	9	8
乐东黎族自治县	0	0	0	0	4	2	2	2	6	1
陵水黎族自治县	0	0	0	0	0	0	0	0	0	1
保亭黎族苗族自治县	0	0	0	0	0	0	0	0	0	0
琼中黎族苗族自治县	0	0	0	0	0	0	0	0	0	0

工业企业废气治理设施——除尘设施数量

单位：套

行政区划名称	2011 年	2012 年	2013 年	2014 年	2015 年	2016 年	2017 年	2018 年	2019 年	2020 年
海南省	**464**	**494**	**757**	**941**	**834**	**248**	**358**	**402**	**515**	**476**
海口市	32	32	43	39	39	29	41	42	60	57
三亚市	20	0	0	16	18	9	10	15	38	96
三沙市	/	/	/	/	/	/	/	/	2	1
儋州市	41	35	98	137	44	6	37	76	84	28
洋浦经济开发区	6	7	7	20	21	8	13	14	15	12
五指山市	5	5	8	5	5	0	5	5	6	22
琼海市	2	2	5	4	4	7	27	25	23	21
文昌市	0	0	0	1	2	15	28	29	36	22
万宁市	1	1	7	21	21	4	13	12	28	9
东方市	9	5	5	5	15	7	17	16	21	23
定安县	16	14	10	8	22	12	16	15	16	4
屯昌县	4	2	6	38	40	1	2	2	2	3
澄迈县	88	153	278	354	281	105	99	84	85	103
临高县	9	10	13	15	15	14	14	14	17	3
白沙黎族自治县	12	2	11	11	24	11	0	21	31	17
昌江黎族自治县	217	226	266	267	279	10	26	23	30	35
乐东黎族自治县	1	0	0	0	4	5	5	5	10	7
陵水黎族自治县	1	0	0	0	0	1	3	2	2	1
保亭黎族苗族自治县	0	0	0	0	0	3	2	2	7	6
琼中黎族苗族自治县	0	0	0	0	0	1	0	0	2	6

工业企业废气治理设施——挥发性有机物处理设施数量

单位：套

行政区划名称	2011 年	2012 年	2013 年	2014 年	2015 年	2016 年	2017 年	2018 年	2019 年	2020 年
海南省	/	/	/	/	/	**5**	**16**	**20**	**37**	**45**
海口市	/	/	/	/	/	1	6	14	25	30
三亚市	/	/	/	/	/	0	0	0	0	1
三沙市	/	/	/	/	/	/	/	/	0	0
儋州市	/	/	/	/	/	0	0	0	0	2
洋浦经济开发区	/	/	/	/	/	0	0	0	0	1
五指山市	/	/	/	/	/	0	0	0	0	0
琼海市	/	/	/	/	/	0	0	0	0	0
文昌市	/	/	/	/	/	0	2	2	2	2
万宁市	/	/	/	/	/	0	0	0	1	0
东方市	/	/	/	/	/	3	3	2	1	1
定安县	/	/	/	/	/	0	0	0	2	0
屯昌县	/	/	/	/	/	0	0	0	0	0
澄迈县	/	/	/	/	/	1	5	2	2	3
临高县	/	/	/	/	/	0	0	0	0	1
白沙黎族自治县	/	/	/	/	/	0	0	0	0	0
昌江黎族自治县	/	/	/	/	/	0	0	0	4	4
乐东黎族自治县	/	/	/	/	/	0	0	0	0	0
陵水黎族自治县	/	/	/	/	/	0	0	0	0	0
保亭黎族苗族自治县	/	/	/	/	/	0	0	0	0	0
琼中黎族苗族自治县	/	/	/	/	/	0	0	0	0	0

工业企业废气中二氧化硫排放量

单位：t

行政区划名称	2011 年	2012 年	2013 年	2014 年	2015 年	2016 年	2017 年	2018 年	2019 年	2020 年
海南省	**30033.156**	**32592.045**	**29768.562**	**30395.718**	**30541.976**	**13361.134**	**9654.155**	**8086.307**	**6868.157**	**5854.346**
海口市	1741.132	1594.761	1563.292	1591.193	2516.933	1044.827	752.345	708.311	239.017	475.058
三亚市	0.430	0.404	2.258	2.164	202.344	366.543	372.717	364.964	438.252	123.778
三沙市	/	/	/	/	/	13.591	6.278	4.197	3.918	11.789
儋州市	390.808	477.159	554.450	595.500	658.883	471.834	364.594	320.160	257.012	260.469
洋浦经济开发区	9281.223	9605.374	9410.520	11451.533	10592.904	1807.719	1465.118	1238.310	909.207	560.496
五指山市	76.140	71.780	69.644	17.970	19.350	26.370	43.421	36.954	29.096	4.958
琼海市	45.018	49.274	58.123	126.864	112.976	65.725	24.247	71.875	45.637	19.194
文昌市	80.880	119.070	140.953	167.454	242.373	134.031	190.996	190.056	233.927	48.913
万宁市	114.860	110.370	120.019	124.019	124.019	161.675	243.012	196.029	283.025	4.537
东方市	5069.103	6427.020	5305.587	5791.158	4195.650	1918.219	995.955	583.684	641.405	518.388
定安县	10.680	8.782	6.832	2.770	18.380	6.668	53.974	45.721	71.988	630.130
屯昌县	98.270	67.520	153.631	155.991	164.701	104.787	92.985	80.810	70.600	2.011
澄迈县	10817.484	10180.290	8742.264	6500.733	5837.137	3400.011	1725.067	1303.618	1054.820	1358.026
临高县	99.230	104.343	76.268	65.883	132.030	601.818	562.269	415.993	441.504	53.858
白沙黎族自治县	103.430	115.600	117.890	121.980	134.428	69.685	62.963	148.649	110.461	297.400
昌江黎族自治县	2013.798	3515.445	3345.072	3533.843	3313.572	1728.901	1732.399	1755.952	1627.449	1374.136
乐东黎族自治县	13.670	18.640	7.210	71.000	2227.660	1257.859	752.654	440.472	191.579	75.156
陵水黎族自治县	46.817	30.000	0	0	3.190	32.925	78.047	62.825	76.345	7.951
保亭黎族苗族自治县	8.283	0.095	0	0	0	29.248	31.058	41.228	38.449	1.202
琼中黎族苗族自治县	21.900	96.118	94.549	75.663	45.446	118.699	104.055	76.498	104.466	26.896

工业企业废气中氮氧化物排放量

单位：t

行政区划名称	2011 年	2012 年	2013 年	2014 年	2015 年	2016 年	2017 年	2018 年	2019 年	2020 年
海南省	**62725.316**	**71079.351**	**66785.242**	**63028.563**	**57487.638**	**29832.617**	**27986.933**	**22427.580**	**22805.982**	**17985.928**
海口市	380.620	430.983	81.880	158.857	172.334	820.707	695.395	696.258	378.037	129.965
三亚市	190.430	199.451	122.075	157.210	609.332	339.974	237.493	207.202	303.989	339.675
三沙市	/	/	/	/	/	7.685	7.377	4.902	4.892	9.523
儋州市	434.920	1101.773	1576.170	1754.200	1162.417	1071.223	804.790	672.279	567.246	629.047
洋浦经济开发区	12222.562	12201.871	11096.353	12138.609	10623.779	9274.456	8357.539	7160.263	8660.070	4270.335
五指山市	22.260	20.240	39.511	3.250	38.263	29.628	25.631	21.367	21.048	2.200
琼海市	191.577	194.938	247.265	245.752	230.402	85.866	87.810	70.956	63.999	11.403
文昌市	100.030	201.825	229.380	306.371	544.780	627.229	251.304	264.755	260.502	163.472
万宁市	53.382	55.888	54.705	56.404	56.404	107.321	275.598	152.089	90.855	20.943
东方市	7062.718	10646.920	7718.471	11058.774	8935.320	3288.118	3139.068	2624.332	2892.885	2737.250
定安县	63.370	46.034	14.520	17.903	39.612	28.058	65.259	54.455	72.006	4.473
屯昌县	169.054	99.350	115.760	123.050	173.546	57.641	35.222	29.356	29.448	16.965
澄迈县	24226.676	25642.960	25448.721	19832.380	16776.496	3634.750	3748.550	2607.447	2179.210	1741.350
临高县	87.671	103.547	63.914	65.670	139.410	147.854	252.349	241.506	225.161	114.879
白沙黎族自治县	122.863	67.600	73.610	67.685	103.252	67.840	64.780	95.081	78.441	25.298
昌江黎族自治县	17363.520	20048.256	19890.247	17016.722	17055.710	8572.499	8136.449	6319.183	6355.486	7587.427
乐东黎族自治县	1.800	2.801	2.037	17.830	803.170	1546.284	1618.523	1051.948	459.550	91.131
陵水黎族自治县	16.697	4.320	0.180	0	1.037	46.359	102.508	85.816	77.758	81.262
保亭黎族苗族自治县	8.171	3.831	3.639	3.442	3.378	25.984	19.964	16.122	28.325	0.722
琼中黎族苗族自治县	6.995	6.763	6.804	4.454	18.996	53.141	61.325	52.263	57.074	8.608

工业企业废气中颗粒物排放量

单位：t

行政区划名称	2011 年	2012 年	2013 年	2014 年	2015 年	2016 年	2017 年	2018 年	2019 年	2020 年
海南省	**10065.627**	**9894.528**	**12844.761**	**15921.902**	**14570.891**	**22000.853**	**16894.598**	**15553.430**	**22728.379**	**9208.927**
海口市	627.598	539.460	1069.287	833.427	740.344	1015.707	1714.084	1541.634	2906.871	66.409
三亚市	156.852	228.378	188.847	1008.118	819.663	926.997	1176.643	1433.186	2592.902	1602.191
三沙市	/	/	/	/	/	2.448	6.753	6.170	7.363	0.935
儋州市	682.170	430.860	378.243	708.654	584.698	1402.656	2125.042	2173.560	2411.664	795.772
洋浦经济开发区	2034.505	1015.280	1012.971	1510.090	1081.400	1063.872	917.482	1024.608	1180.405	325.708
五指山市	53.700	50.640	96.850	210.470	192.547	4777.000	354.713	390.261	860.778	17.853
琼海市	53.142	38.648	13.797	25.523	26.088	165.261	376.897	361.628	444.742	81.888
文昌市	74.079	412.074	378.863	77.553	159.511	496.634	561.561	483.887	883.049	69.269
万宁市	136.370	134.240	133.098	133.438	133.438	189.431	277.294	321.575	243.371	12.060
东方市	1317.574	1945.433	2577.902	2297.684	996.397	1621.090	1189.040	595.149	685.321	623.193
定安县	440.967	109.393	39.505	53.780	64.825	23.309	81.620	136.018	160.443	18.059
屯昌县	109.427	50.550	68.021	211.922	217.139	343.892	431.658	426.430	474.727	106.591
澄迈县	1928.540	2062.009	3207.296	3069.485	3429.362	5461.638	2872.652	1550.199	2071.356	1783.098
临高县	254.721	180.301	159.938	374.600	583.680	468.394	785.467	700.962	712.527	100.478
白沙黎族自治县	361.436	261.250	254.530	289.056	315.718	311.438	506.267	474.517	1298.328	45.746
昌江黎族自治县	1510.458	2298.899	3124.657	4870.625	4939.724	2548.505	1929.773	2389.693	2914.139	3092.089
乐东黎族自治县	26.881	12.004	9.343	66.280	133.080	566.608	218.398	120.228	1491.874	297.939
陵水黎族自治县	25.221	18.160	0.160	7.392	0	45.959	676.974	650.193	788.827	108.555
保亭黎族苗族自治县	175.192	61.757	86.495	76.800	75.130	355.894	439.937	439.489	378.381	0.251
琼中黎族苗族自治县	46.794	45.192	44.958	97.005	78.147	214.121	252.341	334.043	221.309	60.843

工业企业废气中挥发性有机物排放量

单位：t

行政区划名称	2011 年	2012 年	2013 年	2014 年	2015 年	2016 年	2017 年	2018 年	2019 年	2020 年
海南省	/	/	/	/	/	**5893.295**	**3302.046**	**3512.432**	**3529.240**	**5040.221**
海口市	/	/	/	/	/	1188.331	90.416	31.269	16.876	498.181
三亚市	/	/	/	/	/	1.730	295.033	281.446	295.917	15.004
三沙市	/	/	/	/	/	0	0	0	0	0
儋州市	/	/	/	/	/	115.434	5.048	0.552	0.584	26.699
洋浦经济开发区	/	/	/	/	/	1648.365	1333.857	1425.946	1470.784	1053.019
五指山市	/	/	/	/	/	0.122	41.882	16.351	23.876	92.505
琼海市	/	/	/	/	/	22.391	45.942	48.830	40.169	22.198
文昌市	/	/	/	/	/	52.042	9.651	8.841	7.293	8.345
万宁市	/	/	/	/	/	0	0.850	0	0.003	8.668
东方市	/	/	/	/	/	1366.410	1186.641	652.760	582.563	518.371
定安县	/	/	/	/	/	0	37.400	51.000	102.513	112.948
屯昌县	/	/	/	/	/	9.185	0	0	0	0.136
澄迈县	/	/	/	/	/	1053.493	101.905	78.542	70.457	2550.061
临高县	/	/	/	/	/	157.622	2.969	5.142	4.191	1.529
白沙黎族自治县	/	/	/	/	/	0.015	3.551	6.101	99.884	15.810
昌江黎族自治县	/	/	/	/	/	0	102.396	865.144	813.655	85.251
乐东黎族自治县	/	/	/	/	/	263.680	43.810	39.836	0.342	29.707
陵水黎族自治县	/	/	/	/	/	0	0	0	0	1.147
保亭黎族苗族自治县	/	/	/	/	/	14.464	0.697	0.672	0.133	0.020
琼中黎族苗族自治县	/	/	/	/	/	0.011	0	0	0	0.623

2.3 各工业行业废气污染物排放及处理情况

重点调查各工业行业数量

单位：家

行业类别名称	2011 年	2012 年	2013 年	2014 年	2015 年	2016 年	2017 年	2018 年	2019 年	2020 年
重点调查各工业行业数量汇总	**483**	**460**	**458**	**496**	**528**	**514**	**519**	**507**	**666**	**617**
农、林、牧、渔专业及辅助性活动	1	1	0	1	1	2	0	0	3	10
煤炭开采和洗选业	0	0	0	0	1	0	0	0	0	0
石油和天然气开采业	2	2	2	3	3	3	4	4	4	4
黑色金属矿采选业	6	6	6	6	2	1	1	1	2	2
有色金属矿采选业	12	13	11	11	11	6	7	7	6	6
非金属矿采选业	10	3	3	3	3	0	0	0	18	16
开采专业及辅助性活动	0	0	0	0	0	0	0	0	0	0
其他采矿业	1	0	0	0	0	0	0	0	0	0
农副食品加工业	157	154	142	149	151	137	131	126	111	107
食品制造业	10	11	15	12	13	15	15	18	27	25
酒、饮料和精制茶制造业	18	19	21	23	23	21	22	22	30	30
烟草制品业	1	1	1	1	1	1	1	1	1	1
纺织业	2	2	2	1	1	1	2	2	2	3
纺织服装、服饰业	0	0	0	0	0	0	0	0	0	0
皮革、毛皮、羽毛及其制品和制鞋业	0	0	0	0	1	1	0	0	0	1
木材加工和木、竹、藤、棕、草制品业	11	11	10	9	12	15	11	12	13	12
家具制造业	1	1	1	1	1	0	1	1	3	3
造纸和纸制品业	7	5	5	5	5	8	8	7	9	9
印刷和记录媒介复制业	1	0	2	2	5	5	8	10	19	18
文教、工美、体育和娱乐用品制造业	0	0	0	0	0	0	0	0	0	0

行业类别名称	2011 年	2012 年	2013 年	2014 年	2015 年	2016 年	2017 年	2018 年	2019 年	2020 年
石油、煤炭及其他燃料加工业	3	3	3	5	6	5	7	9	9	12
化学原料和化学制品制造业	72	74	65	65	71	67	61	59	59	55
医药制造业	28	26	27	27	29	25	33	34	63	58
化学纤维制造业	2	2	2	0	0	0	1	1	0	0
橡胶和塑料制品业	11	15	18	20	18	20	21	22	42	36
非金属矿物制品业	104	85	93	122	140	148	152	143	193	160
黑色金属冶炼和压延加工业	2	2	1	2	2	2	1	0	0	0
有色金属冶炼和压延加工业	3	3	3	2	1	1	0	0	1	0
金属制品业	1	2	2	2	2	1	2	1	3	3
通用设备制造业	0	0	0	1	0	0	0	0	0	0
专用设备制造业	1	1	1	2	1	0	0	0	0	0
汽车制造业	2	1	4	4	3	3	2	2	3	3
铁路、船舶、航空航天和其他运输设备制造业	0	0	0	0	0	0	0	0	1	1
电气机械和器材制造业	3	3	5	4	3	4	5	5	5	3
计算机、通信和其他电子设备制造业	2	3	1	3	3	2	0	0	0	0
仪器仪表制造业	0	0	1	0	0	0	0	0	0	0
其他制造业	0	0	0	0	0	2	5	2	2	0
废弃资源综合利用业	1	2	2	1	4	4	6	4	6	5
金属制品、机械和设备修理业	1	1	1	1	1	1	0	0	0	0
电力、热力生产和供应业	7	8	8	8	10	11	11	12	15	18
燃气生产和供应业	0	0	0	0	0	2	1	2	2	2
水的生产和供应业	0	0	0	0	0	0	0	0	14	14

各工业行业废气治理设施数

单位：套

行业类别名称	2011 年	2012 年	2013 年	2014 年	2015 年	2016 年	2017 年	2018 年	2019 年	2020 年
各工业行业废气治理设施数汇总	**502**	**555**	**823**	**1058**	**1032**	**1098**	**1375**	**836**	**1155**	**745**
农、林、牧、渔专业及辅助性活动	0	0	0	0	0	0	0	0	2	3
煤炭开采和洗选业	0	0	0	0	1	0	0	0	0	0
石油和天然气开采业	1	0	0	2	2	2	0	0	0	2
黑色金属矿采选业	21	22	23	27	29	29	28	27	25	2
有色金属矿采选业	0	0	0	0	0	1	7	8	8	8
非金属矿采选业	0	0	0	0	0	0	0	0	9	9
开采专业及辅助性活动	0	0	0	0	0	0	0	0	0	0
其他采矿业	0	0	0	0	0	0	0	0	0	0
农副食品加工业	66	59	77	98	101	108	69	85	80	80
食品制造业	4	7	4	2	7	13	8	8	11	12
酒、饮料和精制茶制造业	8	10	11	13	20	14	15	16	21	16
烟草制品业	0	3	3	3	0	0	1	9	9	1
纺织业	1	1	0	0	0	0	1	0	0	2
纺织服装、服饰业	0	0	0	0	0	0	0	0	0	0
皮革、毛皮、羽毛及其制品和制鞋业	0	0	0	0	1	1	0	0	0	0
木材加工和木、竹、藤、棕、草制品业	18	16	20	21	25	23	13	13	17	14
家具制造业	1	1	1	1	0	0	0	0	1	1
造纸和纸制品业	15	13	13	19	19	8	11	16	17	17
印刷和记录媒介复制业	1	0	0	0	0	0	1	3	15	7
文教、工美、体育和娱乐用品制造业	0	0	0	0	0	0	0	0	0	0
石油、煤炭及其他燃料加工业	2	1	0	9	8	5	7	17	14	12
化学原料和化学制品制造业	8	11	10	44	65	58	62	51	52	44

行业类别名称	2011 年	2012 年	2013 年	2014 年	2015 年	2016 年	2017 年	2018 年	2019 年	2020 年
医药制造业	5	5	4	3	9	20	24	13	42	31
化学纤维制造业	0	0	0		0	0	0	0	0	0
橡胶和塑料制品业	4	5	12	10	10	12	22	23	45	31
非金属矿物制品业	319	365	546	716	611	698	962	419	642	352
黑色金属冶炼和压延加工业	7	2	2	3	7	11	9	0	0	0
有色金属冶炼和压延加工业	2	1	2	0	0	0	0	0	0	0
金属制品业	0	4	6	10	8	8	8	0	8	6
通用设备制造业	0	0	0	2	0	0	0	0	0	0
专用设备制造业	0	0	0	0	0	0	0	0	0	0
汽车制造业	0	1	1	2	2	2	3	4	4	3
铁路、船舶、航空航天和其他运输设备制造业	0	0	0	0	0	0	0	0	0	1
电气机械和器材制造业	0	1	19	0	16	4	19	21	18	4
计算机、通信和其他电子设备制造业	0	0	0	3	3	4	0	0	0	0
仪器仪表制造业	0	0	0	0	0	0	0	0	0	0
其他制造业	0	0	0	0	0	1	2	2	12	0
废弃资源综合利用业	0	0	37	37	39	47	63	63	63	11
金属制品、机械和设备修理业	0	0	4	4	1	1	0	0	0	0
电力、热力生产和供应业	19	27	28	29	48	28	38	36	38	73
燃气生产和供应业	0	0	0	0	0	0	2	2	2	2
水的生产和供应业	0	0	0	0	0	0	0	0	0	1

各工业行业废气治理设施处理能力

单位：万 m^3/h

行业类别名称	2011 年	2012 年	2013 年	2014 年	2015 年	2016 年	2017 年	2018 年	2019 年	2020 年
各工业行业废气治理设施处理能力汇总	**2517.129**	**3002.992**	**3743.239**	**3617.789**	**4197.167**	**11687.203**	**5258.721**	**5082.620**	**11564.660**	**10698.125**
农、林、牧、渔专业及辅助性活动	0	0	0	0	0	0	0	0	1.200	3.600
煤炭开采和洗选业	0	0	0	0	3.000	0	0	0	0	0
石油和天然气开采业	0.012	0	0	84.121	84.121	84.121	0	0	0	0.473
黑色金属矿采选业	1.938	2.388	17.847	30.807	14.246	6.322	30.000	30.000	24.000	24.000
有色金属矿采选业	0	0	0	0	0	5	30.200	13.000	13.000	10.643
非金属矿采选业	0	0	0	0	0	0	0	0	1.120	16.201
开采专业及辅助性活动	0	0	0	0	0	0	0	0	0	0
其他采矿业	0	0	0	0	0	0	0	0	0	0
农副食品加工业	477.418	962.930	914.407	184.094	179.831	127.745	204.067	210.861	211.502	191.783
食品制造业	0.930	1.377	0.950	1.042	1.729	8.004	3.312	4.544	7.944	7.799
酒、饮料和精制茶制造业	8.641	6.220	10.405	10.608	8.097	6.076	14.932	25.229	28.724	34.818
烟草制品业	0	0.001	5.500	5.500	0	0	0.884	1	1.000	2.000
纺织业	1.200	1.500	0	0	0	0	0.500	0	0	6.000
纺织服装、服饰业	0	0	0	0	0	0	0	0	0	0
皮革、毛皮、羽毛及其制品和制鞋业	0	0	0	0	0.015	0.015	0	0	0	0
木材加工和木、竹、藤、棕、草制品业	58.350	57.501	104.500	104.960	107.556	60.261	13.181	12.209	12.084	11.263
家具制造业	0.100	0.100	0.100	0.100	0	0	0	0	0.005	0.005
造纸和纸制品业	602.780	408.600	408.600	475.600	475.600	476.606	473.850	481.600	529.400	802.820
印刷和记录媒介复制业	0.300	0	0	0	0	0	0.450	4.300	5.196	13.211
文教、工美、体育和娱乐用品制造业	0	0	0	0	0	0	0	0	0	0
石油、煤炭及其他燃料加工业	0	0.970	0	1.894	44.932	42.042	48.330	67.289	65.900	59.502
化学原料和化学制品制造业	2.356	1.610	12.332	143.549	114.500	194.935	258.633	256.190	255.636	711.517

行业类别名称	2011 年	2012 年	2013 年	2014 年	2015 年	2016 年	2017 年	2018 年	2019 年	2020 年
医药制造业	1.111	1.111	2.430	0.182	0.707	7.806	48.641	18.660	3029.611	29.874
化学纤维制造业	0	0	0	0	0	0	0	0	0	0
橡胶和塑料制品业	2.493	1.495	5.635	8.327	3.391	2.586	14.190	17.854	56.340	39.752
非金属矿物制品业	881.080	1424.141	1281.638	1669.661	2085.165	9348.244	2759.788	2400.956	5619.424	4190.256
黑色金属冶炼和压延加工业	13.012	75.000	3.125	3.327	3.331	67.600	26.000	0	0	0
有色金属冶炼和压延加工业	7.008	2.008	2.008	0	0	0	0	0	0	0
金属制品业	0	17.000	14.459	15.067	13.520	12.224	122.240	0	1.078	0.342
通用设备制造业	0	0	0	1.392	0	0	0	0	0	0
专用设备制造业	0	0	0	0	0	0	0	0	0	0
汽车制造业	0	2.000	2.000	1.197	6.100	6.100	6.300	3.494	3.594	3.600
铁路、船舶、航空航天和其他运输设备制造业	0	0	0	0	0	0	0	0	0	0
电气机械和器材制造业	0	2	37.000	0	45.818	27.000	36.500	41.087	54.450	23.220
计算机、通信和其他电子设备制造业	0	0	0	2.072	2.072	2.800	0	0	0	0
仪器仪表制造业	0	0	0	0	0	0	0	0	0	0
其他制造业	0	0	0	0	0	0.050	0.023	0.023	3.123	0
废弃资源综合利用业	0	0	5.292	5.292	12.984	15.695	110.420	102.078	102.078	125.786
金属制品、机械和设备修理业	0	0	…	…	…	0.030	0	0	0	0
电力、热力生产和供应业	458.400	35.041	915.012	869.000	990.453	1185.940	1055.630	1391.597	1537.601	4382.642
燃气生产和供应业	0	0	0	0	0	0	0.650	0.650	0.650	6.500
水的生产和供应业	0	0	0	0	0	0	0	0	0	0.517

各工业行业废气治理设施运行费用

单位：万元

行业类别名称	2011 年	2012 年	2013 年	2014 年	2015 年	2016 年	2017 年	2018 年	2019 年	2020 年
各工业行业废气治理设施运行费用汇总	**37135.60**	**55571.50**	**36377.40**	**68704.70**	**175294.70**	**77965.70**	**63593.73**	**60497.59**	**66769.45**	**91324.12**
农、林、牧、渔专业及辅助性活动	0	0	0	0	0	0	0	0	1326.17	266.50
煤炭开采和洗选业	0	0	0	0	6.00	0	0	0	0	0
石油和天然气开采业	16.80	0	0	20.00	20.00	20.00	0	0	0	1.19
黑色金属矿采选业	154.60	1074.50	188.40	160.60	271.10	321.70	508.52	332.90	668.70	128.12
有色金属矿采选业	0	0	0	0	0	150.00	26.18	57.50	69.10	76.50
非金属矿采选业	0	0	0	0	0	0	0	0	90.00	229.71
开采专业及辅助性活动	0	0	0	0	0	0	0	0	0	0
其他采矿业	0	0	0	0	0	0	0	0	0	0
农副食品加工业	414.00	400.40	621.80	918.70	1023.00	370.00	574.90	537.25	688.20	602.49
食品制造业	1.50	17.80	3.00	2.00	5.20	120.70	64.30	65.32	84.92	68.61
酒、饮料和精制茶制造业	34.30	36.50	41.10	54.60	102.90	91.60	44.70	59.10	138.90	234.26
烟草制品业	0	10.00	100.00	166.00	0	0	10.00	10.00	10.00	50.00
纺织业	34.40	10.00	0	0	0	0	5.00	0	0	150.00
纺织服装、服饰业	0	0	0	0	0	0	0	0	0	0
皮革、毛皮、羽毛及其制品和制鞋业	0	0	0	0	1.50	1.00	0	0	0	0
木材加工和木、竹、藤、棕、草制品业	297.00	303.40	305.80	297.50	427.80	198.20	37.94	75.74	141.34	97.80
家具制造业	0.10	0.10	0.10	1.00	0	0	0	0	0.50	2.00
造纸和纸制品业	7212.80	6897.00	6965.50	10999.80	12581.10	12589.10	10700.99	13041.00	15465.29	17920.08
印刷和记录媒介复制业	0.30	0	0	0	0	0	1.00	53.00	211.50	90.90
文教、工美、体育和娱乐用品制造业	0	0	0	0	0	0	0	0	0	0
石油、煤炭及其他燃料加工业	15.00	9495.80	0	206.10	3863.00	3867.80	3619.00	4310.36	4194.01	4164.70
化学原料和化学制品制造业	31.50	1688.90	168.00	903.40	558.10	798.70	893.79	879.98	1711.76	1415.46

行业类别名称	2011 年	2012 年	2013 年	2014 年	2015 年	2016 年	2017 年	2018 年	2019 年	2020 年
医药制造业	19.10	18.10	19.20	24.40	46.00	79.00	74.27	73.75	291.29	182.70
化学纤维制造业	0	0	0	0	0	0	0	0	0	0
橡胶和塑料制品业	14.20	21.00	24.30	28.70	26.80	98.40	697.70	681.51	445.06	715.70
非金属矿物制品业	8095.30	6732.60	11168.20	12636.20	13366.90	11819.00	22097.65	16738.26	17504.85	13210.99
黑色金属冶炼和压延加工业	554.00	484.40	10.10	18.30	22.00	384.20	35.00	0	0	0
有色金属冶炼和压延加工业	34.50	25.00	25.00	0	0	0	0	0	0	0
金属制品业	0	200.00	1774.00	1668.30	1528.00	271.00	83.00	0	45.00	19.50
通用设备制造业	0	0	0	0.60	0	0	0	0	0	0
专用设备制造业	0	0	0	0	0	0	0	0	0	0
汽车制造业	0	21.00	22.00	27.60	70.80	536.80	212.60	78.83	86.31	41.56
铁路、船舶、航空航天和其他运输设备制造业	0	0	0	0	0	0	0	0	0	1.00
电气机械和器材制造业	0	3.00	66.00	0	87504.10	100.00	900.00	402.00	265.00	515.00
计算机、通信和其他电子设备制造业	0	0	0	8.00	8.00	7.20	0	0	0	0
仪器仪表制造业	0	0	0	0	0	0	0	0	0	0
其他制造业	0	0	0	0	0	0.50	2.60	2.90	4.50	0
废弃资源综合利用业	0	0	28.90	28.90	65.80	192.00	364.80	419.30	406.80	753.75
金属制品、机械和设备修理业	0	0	15.00	15.00	15.00	10.00	0	0	0	0
电力、热力生产和供应业	20206.20	28132.00	14831.00	40519.00	53781.60	45938.80	22619.80	22658.90	22870.25	50230.61
燃气生产和供应业	0	0	0	0	0	0	20.00	20.00	50.00	55.00
水的生产和供应业	0	0	0	0	0	0	0	0	0	100.00

各工业行业废气治理设施——脱硫设施数量

单位：套

行业类别名称	2011 年	2012 年	2013 年	2014 年	2015 年	2016 年	2017 年	2018 年	2019 年	2020 年
各工业行业脱硫设施数量汇总	**32**	**16**	**17**	**44**	**74**	**81**	**134**	**122**	**135**	**99**
农、林、牧、渔专业及辅助性活动	0	0	0	0	0	0	0	0	1	1
煤炭开采和洗选业	0	0	0	0	0	0	0	0	0	0
石油和天然气开采业	0	0	0	0	0	0	0	0	0	0
黑色金属矿采选业	0	0	0	0	0	0	0	0	0	0
有色金属矿采选业	0	0	0	0	0	0	0	0	0	0
非金属矿采选业	0	0	0	0	0	0	0	0	0	0
开采专业及辅助性活动	0	0	0	0	0	0	0	0	0	0
其他采矿业	0	0	0	0	0	0	0	0	0	0
农副食品加工业	0	0	0	0	2	2	3	0	1	0
食品制造业	0	0	0	0	0	0	0	1	1	0
酒、饮料和精制茶制造业	0	0	0	0	0	0	1	2	2	1
烟草制品业	0	0	0	0	0	0	0	0	0	0
纺织业	0	0	0	0	0	0	1	0	0	0
纺织服装、服饰业	0	0	0	0	0	0	0	0	0	0
皮革、毛皮、羽毛及其制品和制鞋业	0	0	0	0	0	0	0	0	0	0
木材加工和木、竹、藤、棕、草制品业	0	0	0	0	0	1	0	0	0	0
家具制造业	0	0	0	0	0	0	0	0	0	0
造纸和纸制品业	3	3	3	4	4	4	4	4	4	4
印刷和记录媒介复制业	0	0	0	0	0	0	0	0	0	0
文教、工美、体育和娱乐用品制造业	0	0	0	0	0	0	0	0	0	0
石油、煤炭及其他燃料加工业	1	0	0	0	1	1	2	4	4	4
化学原料和化学制品制造业	0	0	0	2	12	6	10	9	7	3

行业类别名称	2011 年	2012 年	2013 年	2014 年	2015 年	2016 年	2017 年	2018 年	2019 年	2020 年
医药制造业	0	0	0	0	0	1	0	0	2	0
化学纤维制造业	0	0	0		0	0	0	0	0	0
橡胶和塑料制品业	0	0	0	0	0	0	1	1	1	0
非金属矿物制品业	20	2	2	27	40	47	91	82	92	67
黑色金属冶炼和压延加工业	0	0	0	0	0	0	0	0	0	0
有色金属冶炼和压延加工业	0	0	0	0	0	0	0	0	0	0
金属制品业	0	0	0	0	0	0	0	0	0	0
通用设备制造业	0	0	0	0	0	0	0	0	0	0
专用设备制造业	0	0	0	0	0	0	0	0	0	0
汽车制造业	0	0	0	0	0	0	1	0	0	0
铁路、船舶、航空航天和其他运输设备制造业	0	0	0	0	0	0	0	0	0	0
电气机械和器材制造业	0	0	0	0	0	0	0	0	1	0
计算机、通信和其他电子设备制造业	0	0	0	0	0	0	0	0	0	0
仪器仪表制造业	0	0	0	0	0	0	0	0	0	0
其他制造业	0	0	0	0	0	0	0	0	0	0
废弃资源综合利用业	0	0	1	1	1	2	1	1	1	1
金属制品、机械和设备修理业	0	0	0	0	0	0	0	0	0	0
电力、热力生产和供应业	8	11	11	10	14	17	19	18	18	18
燃气生产和供应业	0	0	0	0	0	0	0	0	0	0
水的生产和供应业	0	0	0	0	0	0	0	0	0	0

各工业行业废气治理设施——脱硝设施数量

单位：套

行业类别名称	2011 年	2012 年	2013 年	2014 年	2015 年	2016 年	2017 年	2018 年	2019 年	2020 年
各工业行业脱硝设施数量汇总	**2**	**4**	**8**	**33**	**45**	**34**	**68**	**65**	**74**	**44**
农、林、牧、渔专业及辅助性活动	0	0	0	0	0	0	0	0	1	0
煤炭开采和洗选业	0	0	0	0	0	0	0	0	0	0
石油和天然气开采业	0	0	0	0	0	0	0	0	0	0
黑色金属矿采选业	0	0	0	0	0	0	0	0	0	0
有色金属矿采选业	0	0	0	0	0	0	0	0	0	0
非金属矿采选业	0	0	0	0	0	0	0	0	0	0
开采专业及辅助性活动	0	0	0	0	0	0	0	0	0	0
其他采矿业	0	0	0	0	0	0	0	0	0	0
农副食品加工业	0	0	0	0	0	0	0	0	0	2
食品制造业	0	0	0	0	0	0	0	0	0	0
酒、饮料和精制茶制造业	0	0	0	0	0	0	0	0	0	0
烟草制品业	0	0	0	0	0	0	0	0	0	0
纺织业	0	0	0	0	0	0	0	0	0	0
纺织服装、服饰业	0	0	0	0	0	0	0	0	0	0
皮革、毛皮、羽毛及其制品和制鞋业	0	0	0	0	0	0	0	0	0	0
木材加工和木、竹、藤、棕、草制品业	0	0	0	0	0	0	0	0	0	0
家具制造业	0	0	0	0	0	0	0	0	0	0
造纸和纸制品业	0	0	0	4	4	4	4	4	4	4
印刷和记录媒介复制业	0	0	0	0	0	0	0	0	0	0
文教、工美、体育和娱乐用品制造业	0	0	0	0	0	0	0	0	0	0
石油、煤炭及其他燃料加工业	0	0	0	0	1	1	0	1	0	0
化学原料和化学制品制造业	0	0	0	11	11	2	3	4	3	2

行业类别名称	2011 年	2012 年	2013 年	2014 年	2015 年	2016 年	2017 年	2018 年	2019 年	2020 年
医药制造业	0	0	0	0	0	0	1	1	2	0
化学纤维制造业	0	0	0	0	0	0	0	0	0	0
橡胶和塑料制品业	0	0	0	0	0	0	0	1	0	0
非金属矿物制品业	0	0	4	11	12	11	32	31	39	10
黑色金属冶炼和压延加工业	0	0	0	0	0	0	0	0	0	0
有色金属冶炼和压延加工业	0	0	0	0	0	0	0	0	0	0
金属制品业	0	0	0	0	0	0	0	0	0	0
通用设备制造业	0	0	0	0	0	0	0	0	0	0
专用设备制造业	0	0	0	0	0	0	0	0	0	0
汽车制造业	0	0	0	0	0	0	1	0	1	0
铁路、船舶、航空航天和其他运输设备制造业	0	0	0	0	0	0	0	0	0	0
电气机械和器材制造业	0	0	0	0	0	0	6	2	3	0
计算机、通信和其他电子设备制造业	0	0	0	0	0	0	0	0	0	0
仪器仪表制造业	0	0	0	0	0	0	0	0	0	0
其他制造业	0	0	0	0	0	0	0	0	0	0
废弃资源综合利用业	0	0	0	0	0	0	0	0	0	0
金属制品、机械和设备修理业	0	0	0	0	0	0	0	0	0	0
电力、热力生产和供应业	2	4	4	7	17	16	21	21	21	26
燃气生产和供应业	0	0	0	0	0	0	0	0	0	0
水的生产和供应业	0	0	0	0	0	0	0	0	0	0

各工业行业废气治理设施——除尘设施数量

单位：套

行业类别名称	2011 年	2012 年	2013 年	2014 年	2015 年	2016 年	2017 年	2018 年	2019 年	2020 年
各工业行业除尘设施数量汇总	**464**	**494**	**757**	**941**	**834**	**248**	**358**	**402**	**515**	**476**
农、林、牧、渔专业及辅助性活动	0	0	0	0	0	0	0	0	1	1
煤炭开采和洗选业	0	0	0	0	1	0	0	0	0	0
石油和天然气开采业	1	0	0	0	0	0	0	0	0	0
黑色金属矿采选业	21	22	23	26	29	0	4	3	3	2
有色金属矿采选业	0	0	0	0	0	1	3	8	8	8
非金属矿采选业	0	0	0	0	0	0	0	0	4	8
开采专业及辅助性活动	0	0	0	0	0	0	0	0	0	0
其他采矿业	0	0	0	0	0	0	0	0	0	0
农副食品加工业	66	49	73	98	99	55	45	53	50	75
食品制造业	4	7	4	2	7	7	8	8	10	7
酒、饮料和精制茶制造业	8	10	9	12	18	8	9	13	16	10
烟草制品业	0	0	3	3	0	0	1	1	1	1
纺织业	1	0	0	0	0	0	1	0	0	2
纺织服装、服饰业	0	0	0	0	0	0	0	0	0	0
皮革、毛皮、羽毛及其制品和制鞋业	0	0	0	0	1	1	0	0	0	0
木材加工和木、竹、藤、棕、草制品业	18	15	19	20	23	11	11	11	13	13
家具制造业	1	1	1	1	0	0	0	0	1	1
造纸和纸制品业	12	10	10	11	11	7	10	9	12	9
印刷和记录媒介复制业	1	0	0	0	0	0	0	0	0	0
文教、工美、体育和娱乐用品制造业	0	0	0	0	0	0	0	0	0	0
石油、煤炭及其他燃料加工业	1	0	0	2	3	1	2	5	3	4
化学原料和化学制品制造业	8	4	7	22	35	17	25	19	19	16

行业类别名称	2011年	2012年	2013年	2014年	2015年	2016年	2017年	2018年	2019年	2020年
医药制造业	4	3	3	3	7	14	6	4	4	6
化学纤维制造业	0	0	0	0	0	0	0	0	0	0
橡胶和塑料制品业	3	4	11	8	8	5	10	13	16	13
非金属矿物制品业	299	353	528	677	549	92	194	226	317	267
黑色金属冶炼和压延加工业	5	2	2	3	7	3	3	0	0	0
有色金属冶炼和压延加工业	2	1	2	0	0	0	0	0	0	0
金属制品业	0	0	6	2	0	0	0	0	3	2
通用设备制造业	0	0	0	2	0	0	0	0	0	0
专用设备制造业	0	0	0	0	0	0	0	0	0	0
汽车制造业	0	0	0	0	0	0	0	2	2	0
铁路、船舶、航空航天和其他运输设备制造业	0	0	0	0	0	0	0	0	0	0
电气机械和器材制造业	0	1	4	0	11	0	2	3	5	3
计算机、通信和其他电子设备制造业	0	0	0	1	0	4	0	0	0	0
仪器仪表制造业	0	0	0	0	0	0	0	0	0	0
其他制造业	0	0	0	0	0	1	1	2	3	0
废弃资源综合利用业	0	0	36	36	7	3	4	4	4	6
金属制品、机械和设备修理业	0	0	4	1	1	1	0	0	0	0
电力、热力生产和供应业	9	12	12	11	17	17	19	18	20	22
燃气生产和供应业	0	0	0	0	0	0	0	0	0	0
水的生产和供应业	0	0	0	0	0	0	0	0	0	0

各工业行业废气治理设施——挥发性有机物处理设施数量

单位：套

行业类别名称	2011 年	2012 年	2013 年	2014 年	2015 年	2016 年	2017 年	2018 年	2019 年	2020 年
各工业行业挥发性有机物处理设施数量汇总	/	/	/	/	/	**5**	**16**	**20**	**37**	**45**
农、林、牧、渔专业及辅助性活动	/	/	/	/	/	0	0	0	0	0
煤炭开采和洗选业	/	/	/	/	/	0	0	0	0	0
石油和天然气开采业	/	/	/	/	/	0	0	0	0	0
黑色金属矿采选业	/	/	/	/	/	0	0	0	0	0
有色金属矿采选业	/	/	/	/	/	0	0	0	0	0
非金属矿采选业	/	/	/	/	/	0	0	0	0	0
开采专业及辅助性活动	/	/	/	/	/	0	0	0	0	0
其他采矿业	/	/	/	/	/	0	0	0	0	0
农副食品加工业	/	/	/	/	/	0	0	0	0	0
食品制造业	/	/	/	/	/	0	0	0	0	0
酒、饮料和精制茶制造业	/	/	/	/	/	0	0	0	1	0
烟草制品业	/	/	/	/	/	0	0	0	0	0
纺织业	/	/	/	/	/	0	0	0	0	0
纺织服装、服饰业	/	/	/	/	/	0	0	0	0	0
皮革、毛皮、羽毛及其制品和制鞋业	/	/	/	/	/	0	0	0	0	0
木材加工和木、竹、藤、棕、草制品业	/	/	/	/	/	0	0	0	0	1
家具制造业	/	/	/	/	/	0	0	0	0	0
造纸和纸制品业	/	/	/	/	/	0	0	0	0	0
印刷和记录媒介复制业	/	/	/	/	/	0	1	2	6	6
文教、工美、体育和娱乐用品制造业	/	/	/	/	/	0	0	0	0	0
石油、煤炭及其他燃料加工业	/	/	/	/	/	1	1	2	1	2
化学原料和化学制品制造业	/	/	/	/	/	3	6	3	3	4

行业类别名称	2011 年	2012 年	2013 年	2014 年	2015 年	2016 年	2017 年	2018 年	2019 年	2020 年
医药制造业	/	/	/	/	/	0	3	9	12	18
化学纤维制造业	/	/	/	/	/	0	0	0	0	0
橡胶和塑料制品业	/	/	/	/	/	0	4	1	7	8
非金属矿物制品业	/	/	/	/	/	0	0	0	1	0
黑色金属冶炼和压延加工业	/	/	/	/	/	0	0	0	0	0
有色金属冶炼和压延加工业	/	/	/	/	/	0	0	0	0	0
金属制品业	/	/	/	/	/	0	0	0	2	2
通用设备制造业	/	/	/	/	/	0	0	0	0	0
专用设备制造业	/	/	/	/	/	0	0	0	0	0
汽车制造业	/	/	/	/	/	1	1	1	2	3
铁路、船舶、航空航天和其他运输设备制造业	/	/	/	/	/	0	0	0	0	1
电气机械和器材制造业	/	/	/	/	/	0	0	2	2	0
计算机、通信和其他电子设备制造业	/	/	/	/	/	0	0	0	0	0
仪器仪表制造业	/	/	/	/	/	0	0	0	0	0
其他制造业	/	/	/	/	/	0	0	0	0	0
废弃资源综合利用业	/	/	/	/	/	0	0	0	0	0
金属制品、机械和设备修理业	/	/	/	/	/	0	0	0	0	0
电力、热力生产和供应业	/	/	/	/	/	0	0	0	0	0
燃气生产和供应业	/	/	/	/	/	0	0	0	0	0
水的生产和供应业	/	/	/	/	/	0	0	0	0	0

各工业行业废气中二氧化硫排放量

单位：t

行业类别名称	2011 年	2012 年	2013 年	2014 年	2015 年	2016 年	2017 年	2018 年	2019 年	2020 年
各工业行业废气中二氧化硫排放量汇总	**30033.156**	**32592.045**	**29768.562**	**30395.718**	**30541.976**	**13361.134**	**9654.155**	**8086.307**	**6868.157**	**5854.346**
农、林、牧、渔专业及辅助性活动	0	0.013	0	0.013	0	0	0	0	0	3.998
煤炭开采和洗选业	0	0	0	0	15.200	0	0	0	0	0
石油和天然气开采业	2.570	2.570	2.680	3.320	11.158	…	0.003	…	…	0.201
黑色金属矿采选业	12.480	0	0	0	0	0	0	0	0	0
有色金属矿采选业	0	0	0	0	0	3.623	2.618	2.193	1.862	2.088
非金属矿采选业	75.690	7.990	0	5.400	5.300	0	0	0	0	0
开采专业及辅助性活动	0	0	0	0	0	0	0.067	0.056	0.047	0
其他采矿业	0	0	0	0	0	0	0	0	0	0
农副食品加工业	44.387	64.025	135.539	108.342	157.587	311.082	221.370	156.135	127.982	87.051
食品制造业	1.900	0.427	0.946	1.579	9.280	1.985	19.846	17.398	13.278	21.501
酒、饮料和精制茶制造业	61.707	59.285	61.193	27.981	26.940	12.389	26.300	26.872	25.064	796.179
烟草制品业	0	0	0	0	0	0	0.872	0.003	0	0
纺织业	21.510	30.000	1.143	1.345	8.896	…	37.091	31.066	35.787	2.861
纺织服装、服饰业	0	0	0	0	0	0	0.228	0.191	0.162	0
皮革、毛皮、羽毛及其制品和制鞋业	0	0	0	0	2.440	0	0	0	0	0
木材加工和木、竹、藤、棕、草制品业	4.780	1.920	1.920	9.000	30.830	0.405	99.918	120.723	117.216	89.380
家具制造业	0	0	0	0	0	0	0.060	0.050	0.042	0.009
造纸和纸制品业	4482.380	4717.580	5514.220	5901.850	5001.430	425.003	432.287	363.525	310.993	88.020
印刷和记录媒介复制业	0	0	0	0	0	0	0	0	0	0
文教、工美、体育和娱乐用品制造业	0	0	0	0	0	0	0	0	0	0
石油、煤炭及其他燃料加工业	4798.604	4898.440	3877.570	4822.240	4322.060	1131.678	826.109	691.922	417.072	187.160
化学原料和化学制品制造业	64.849	109.727	117.955	689.501	2174.443	543.383	651.065	538.246	335.472	320.890

行业类别名称	2011年	2012年	2013年	2014年	2015年	2016年	2017年	2018年	2019年	2020年
医药制造业	35.520	36.634	37.500	12.491	20.955	16.821	10.764	4.356	12.730	34.838
化学纤维制造业	0	0	0	0	0	0	0	0	0	0
橡胶和塑料制品业	8.792	4.492	8.423	3.010	28.123	128.167	168.853	123.500	300.601	318.473
非金属矿物制品业	5453.667	7054.443	6910.137	7088.399	7772.181	5538.251	4674.116	4375.733	3781.321	2256.445
黑色金属冶炼和压延加工业	52.030	69.100	0	0	16.790	0.054	0.039	0.033	0.028	0
有色金属冶炼和压延加工业	17.400	9.230	9.230	0	0	0	0	0	0	0
金属制品业	0	0	0	0	0	0.828	0.274	0.041	0.035	0
通用设备制造业	0	0	0	0	0	0	0	0	0	0
专用设备制造业	0	0	0	0	0	0	0	0	0	0
汽车制造业	0	0	0.778	0	0	0	0.073	0.145	…	0.006
铁路、船舶、航空航天和其他运输设备制造业	0	0	0	0	0	0	0	0	0	0
电气机械和器材制造业	0	0	0	0	0	0	3.091	2.589	2.199	3.222
计算机、通信和其他电子设备制造业	0	0	0	0	0	0	0	0	0	0
仪器仪表制造业	0	0	0	0	0	0	0	0	0	0
其他制造业	0	0	0	0	0	0	0	0	0	0
废弃资源综合利用业	0.300	0.383	1.381	1.381	50.081	1.517	2.008	1.830	2.098	38.276
金属制品、机械和设备修理业	0.340	0.280	0.240	0.306	0.280	0	0	0	0	0
电力、热力生产和供应业	14894.250	15525.506	13087.707	11719.560	10888.002	5245.879	2477.056	1629.658	1384.132	1603.748
燃气生产和供应业	0	0	0	0	0	0.068	0.049	0.041	0.035	0
水的生产和供应业	0	0	0	0	0	0	0	0	0	0

各工业行业废气中氮氧化物排放量

单位：t

行业类别名称	2011 年	2012 年	2013 年	2014 年	2015 年	2016 年	2017 年	2018 年	2019 年	2020 年
各工业行业废气中氮氧化物排放量汇总	**62725.316**	**71079.351**	**66785.242**	**63028.563**	**57487.638**	**29832.617**	**27986.933**	**22427.580**	**22805.982**	**17985.928**
农、林、牧、渔专业及辅助性活动	0.990	0.002	0	0.002	0	0	0	0	0	20.030
煤炭开采和洗选业	0	0	0	0	8.612	0	0	0	0	0
石油和天然气开采业	121.830	138.891	138.000	136.450	123.709	15.252	14.308	11.208	12.228	69.199
黑色金属矿采选业	0	0	0	0	0	0	42.789	36.277	46.970	0
有色金属矿采选业	0	0	0	0	0	11.505	17.972	14.402	14.645	2.461
非金属矿采选业	12.960	1.000	0	1.400	1.500	0	233.595	187.197	190.348	0
开采专业及辅助性活动	0	0	0	0	0	0	3.003	2.407	2.447	0
其他采矿业	0	0	0	0	0	0	0	0	0	0
农副食品加工业	313.759	349.071	454.787	718.812	693.117	927.972	281.116	370.853	262.012	96.683
食品制造业	16.773	12.836	6.229	12.147	18.545	7.403	21.912	17.720	17.421	7.356
酒、饮料和精制茶制造业	37.159	55.947	35.807	34.214	47.845	38.278	52.738	42.898	60.483	12.997
烟草制品业	4.950	0.860	1.800	2.590	2.431	4.718	3.460	1.590	3.299	3.015
纺织业	4.530	4.320	6.171	2.560	10.376	3.755	10.388	8.324	8.723	11.407
纺织服装、服饰业	0	0	0	0	0	0	0.073	0.058	0.059	0
皮革、毛皮、羽毛及其制品和制鞋业	0	0	0	0	0.150	0.256	0.240	0.193	0.196	0
木材加工和木、竹、藤、棕、草制品业	102.195	67.243	62.715	66.838	78.690	58.554	152.338	175.825	202.057	6.601
家具制造业	0	0	0	0	0	0	0.652	0.523	0.531	0.051
造纸和纸制品业	7886.060	7784.600	7717.430	8409.610	6935.440	1209.637	1137.285	1138.995	1448.679	2437.459
印刷和记录媒介复制业	2.410	0	0	0	0	0	0.962	0.771	0.784	0
文教、工美、体育和娱乐用品制造业	0	0	0	0	0	0	0	0	0	0
石油、煤炭及其他燃料加工业	2697.436	2749.050	2347.332	2383.405	1660.770	7042.678	6623.046	5307.536	6454.909	1157.984
化学原料和化学制品制造业	685.495	1041.719	1301.273	1623.572	2296.351	1700.759	1508.584	1530.282	1606.462	1933.235

行业类别名称	2011年	2012年	2013年	2014年	2015年	2016年	2017年	2018年	2019年	2020年
医药制造业	19.371	19.017	12.318	12.901	19.100	57.003	38.051	28.603	60.161	29.465
化学纤维制造业	13.040	22.710	2.744	0	0	0	0	0	0	0
橡胶和塑料制品业	77.065	58.909	6.991	7.592	51.727	38.675	35.273	26.364	72.069	10.946
非金属矿物制品业	19387.967	23150.503	23527.837	20887.371	20355.320	11948.432	11523.018	8851.849	8155.906	8330.777
黑色金属冶炼和压延加工业	36.970	45.750	0	2.730	16.220	0.091	0.086	0.069	0.070	0
有色金属冶炼和压延加工业	2.220	1.240	0.973	0.773	0.330	0	0	0	0	0
金属制品业	2.590	8.280	4.500	2.856	2.718	16.142	10.798	5.140	5.226	0.016
通用设备制造业	0	0	0	0	0	0	0	0	0	0
专用设备制造业	0	0	0	0	0	0	0.361	0.289	0.294	0
汽车制造业	3.800	0.054	4.961	0	0	0	5.941	2.867	1.998	0.231
铁路、船舶、航空航天和其他运输设备制造业	0	0	0	0	0	0	0.746	0.598	0.608	0
电气机械和器材制造业	55.700	0.210	1.200	24.430	25.812	35.009	41.051	72.535	48.409	60.244
计算机、通信和其他电子设备制造业	0.930	46.390	0	0	0	0	0	0	0	0
仪器仪表制造业	0	0	0	0	0	0	0	0	0	0
其他制造业	0	0	0	0	0	0	0	0	0	0
废弃资源综合利用业	19.200	20.171	13.486	13.486	56.997	12.165	12.432	9.643	9.702	356.728
金属制品、机械和设备修理业	0.180	0.554	0.155	0.391	0.147	0	0.008	0.006	0.007	0
电力、热力生产和供应业	31219.736	35500.024	31138.533	28684.433	25081.731	6641.528	6155.669	4535.247	4071.195	3439.043
燃气生产和供应业	0	0	0	0	0	62.804	58.918	47.216	47.985	0
水的生产和供应业	0	0	0	0	0	0	0.120	0.096	0.098	0

各工业行业废气中颗粒物排放量

单位：t

行业类别名称	2011 年	2012 年	2013 年	2014 年	2015 年	2016 年	2017 年	2018 年	2019 年	2020 年
各工业行业废气中颗粒物排放量汇总	**10065.627**	**9894.528**	**12844.761**	**15921.902**	**14570.891**	**22000.853**	**16894.598**	**15553.430**	**22728.379**	**9208.927**
农、林、牧、渔专业及辅助性活动	1.950	0	0	0.001	0	0	0	0	0	0.008
煤炭开采和洗选业	0	0	0	0	4.680	0	0	0	0	0
石油和天然气开采业	34.340	33.600	0	3.500	15.172	0	0	0	0	0
黑色金属矿采选业	79.660	451.523	217.063	147.050	86.310	11.620	19.172	9.053	16.229	254.282
有色金属矿采选业	0	0.010	0	0	0	285.062	220.724	206.593	264.881	4.592
非金属矿采选业	38.006	3.990	0	4.200	2.000	0	1463.852	1347.613	1969.316	350.245
开采专业及辅助性活动	0	0	0	0	0	0	0.173	0.159	0.233	0
其他采矿业	0	0	0	0	0	0	0	0	0	0
农副食品加工业	1409.539	1147.769	959.675	784.601	1208.681	506.676	554.768	456.857	479.475	247.797
食品制造业	10.991	17.371	13.747	20.916	26.541	0.141	4.846	3.435	4.949	0.328
酒、饮料和精制茶制造业	47.127	47.189	45.573	63.019	65.048	3.593	10.899	9.212	11.902	5.625
烟草制品业	0.710	0.470	2.000	3.824	0.670	0	0.037	0.034	0.049	6.479
纺织业	12.100	18.000	0.519	0.611	4.760	0	9.641	8.876	12.970	0.009
纺织服装、服饰业	0	0	0	0	0	0	0.006	0.006	0.008	0
皮革、毛皮、羽毛及其制品和制鞋业	0	0	0	0	0.733	0	0.218	0.201	0.294	0
木材加工和木、竹、藤、棕、草制品业	266.058	157.915	160.662	153.554	156.593	397.314	737.056	1120.138	972.089	26.937
家具制造业	2.400	2.400	0.200	0.190	0	0	120.606	111.029	162.250	0.393
造纸和纸制品业	657.103	479.018	725.980	941.140	552.370	279.531	134.666	132.965	190.542	159.000
印刷和记录媒介复制业	3.120	0	0	0	0	0	0.045	0.041	0.060	0
文教、工美、体育和娱乐用品制造业	0	0	0	0	0	0	2.349	2.162	3.160	0
石油、煤炭及其他燃料加工业	707.112	585.532	331.078	389.800	257.330	865.780	720.113	759.955	921.944	122.793
化学原料和化学制品制造业	343.825	327.811	393.199	662.527	545.010	622.912	615.135	530.439	732.943	524.763

行业类别名称	2011 年	2012 年	2013 年	2014 年	2015 年	2016 年	2017 年	2018 年	2019 年	2020 年
医药制造业	8.121	9.648	7.549	23.720	27.341	7.427	14.481	13.068	20.198	0.181
化学纤维制造业	1.345	7.570	0.279	0	0	0	0	0	0	0
橡胶和塑料制品业	41.395	16.684	68.098	15.442	32.718	9142.573	249.112	313.155	1165.985	8.484
非金属矿物制品业	4050.179	3339.764	5187.360	10889.674	10008.761	8160.447	10543.019	9656.586	13598.694	7088.933
黑色金属冶炼和压延加工业	53.960	86.890	10.000	53.670	52.260	0	0.016	0.014	0.021	0
有色金属冶炼和压延加工业	1.776	1.736	1.709	0.499	0.390	0	0.067	0.062	0.090	0
金属制品业	0.350	1.840	11.300	0.500	0.029	0	517.498	476.405	696.189	5.202
通用设备制造业	0	0	0	0.088	0	0	7.181	6.611	9.660	0
专用设备制造业	0	0	0	0	0	0	20.126	18.528	27.076	0
汽车制造业	2.330	1.229	7.950	17.700	9.130	0.454	1.527	1.377	2.003	0.041
铁路、船舶、航空航天和其他运输设备制造业	0	0	0	0	0	0	4.785	4.405	6.437	0.900
电气机械和器材制造业	7.130	3.585	11.900	31.760	31.144	0.172	2.076	1.911	1139.379	11.014
计算机、通信和其他电子设备制造业	3.210	1.570	0	0.330	2.410	0	…	…	0.001	0
仪器仪表制造业	0	0	0	0	0	0	…	…	…	0
其他制造业	0	0	0	0	0	0	0	0	0	0
废弃资源综合利用业	13.800	2.478	18.100	56.300	163.690	36.480	93.063	98.709	70.278	145.951
金属制品、机械和设备修理业	0.670	2.147	0.222	0.799	0.222	0	7.757	7.141	10.435	0
电力、热力生产和供应业	2267.320	3146.789	4670.598	1656.487	1316.898	1680.665	819.395	256.517	238.384	244.970
燃气生产和供应业	0	0	0	0	0	0	0.184	0.170	0.248	0
水的生产和供应业	0	0	0	0	0	0.006	0.005	0.004	0.006	0

各工业行业废气中挥发性有机物排放量

单位：t

行业类别名称	2011 年	2012 年	2013 年	2014 年	2015 年	2016 年	2017 年	2018 年	2019 年	2020 年
各工业行业废气中挥发性有机物排放量汇总	/	/	/	/	/	**5893.295**	**3302.046**	**3512.432**	**3529.240**	**5040.221**
农、林、牧、渔专业及辅助性活动	/	/	/	/	/	11.000	0	0	0	0.028
煤炭开采和洗选业	/	/	/	/	/	0	0	0	0	0
石油和天然气开采业	/	/	/	/	/	8.600	0	0	0	55.775
黑色金属矿采选业	/	/	/	/	/	0	0	0	0	0
有色金属矿采选业	/	/	/	/	/	0.084	0.549	0.262	0.330	0
非金属矿采选业	/	/	/	/	/	0	0	0	0	0
开采专业及辅助性活动	/	/	/	/	/	0	0	0	0	0
其他采矿业	/	/	/	/	/	0	0	0	0	0
农副食品加工业	/	/	/	/	/	179.021	11.168	9.638	5.612	2.952
食品制造业	/	/	/	/	/	1.930	0.275	0.210	0.143	29.362
酒、饮料和精制茶制造业	/	/	/	/	/	257.530	9.594	9.626	6.429	0.520
烟草制品业	/	/	/	/	/	0	0	0	0	0.319
纺织业	/	/	/	/	/	4.150	0.034	0.293	0	0.691
纺织服装、服饰业	/	/	/	/	/	0	0	0	0	0
皮革、毛皮、羽毛及其制品和制鞋业	/	/	/	/	/	0.726	0	0	0	0
木材加工和木、竹、藤、棕、草制品业	/	/	/	/	/	162.158	4.910	0.338	96.529	15.800
家具制造业	/	/	/	/	/	0	0	0	0	0.001
造纸和纸制品业	/	/	/	/	/	7.432	…	0	0.005	33.943
印刷和记录媒介复制业	/	/	/	/	/	13.558	2.194	2.484	1.688	52.572
文教、工美、体育和娱乐用品制造业	/	/	/	/	/	0	0	0	0	0
石油、煤炭及其他燃料加工业	/	/	/	/	/	1623.675	1253.256	1486.364	1498.561	856.730
化学原料和化学制品制造业	/	/	/	/	/	1506.762	1303.868	610.143	565.598	742.374

行业类别名称	2011 年	2012 年	2013 年	2014 年	2015 年	2016 年	2017 年	2018 年	2019 年	2020 年
医药制造业	/	/	/	/	/	4.213	26.901	12.807	15.848	399.872
化学纤维制造业	/	/	/	/	/	0	3.848	3.909	0	0
橡胶和塑料制品业	/	/	/	/	/	976.406	91.007	17.096	71.757	249.898
非金属矿物制品业	/	/	/	/	/	29.722	145.956	921.481	867.547	77.799
黑色金属冶炼和压延加工业	/	/	/	/	/	0	0	0	0	0
有色金属冶炼和压延加工业	/	/	/	/	/	0.012	0	0	0	0
金属制品业	/	/	/	/	/	0	0	0	0.429	3.567
通用设备制造业	/	/	/	/	/	0	0	0	0	0
专用设备制造业	/	/	/	/	/	0	0	0	0	0
汽车制造业	/	/	/	/	/	0.088	1.665	1.384	0.051	0.035
铁路、船舶、航空航天和其他运输设备制造业	/	/	/	/	/	0	0	0	0.186	0.003
电气机械和器材制造业	/	/	/	/	/	0.010	5.040	4.320	3.911	32.208
计算机、通信和其他电子设备制造业	/	/	/	/	/	0	0	0	0	0
仪器仪表制造业	/	/	/	/	/	0	0	0	0	0
其他制造业	/	/	/	/	/	0	…	…	0	0
废弃资源综合利用业	/	/	/	/	/	1.920	0.071	0.027	0.027	1.319
金属制品、机械和设备修理业	/	/	/	/	/	0.008	0	0	0	0
电力、热力生产和供应业	/	/	/	/	/	1104.290	441.710	432.052	394.591	65.256
燃气生产和供应业	/	/	/	/	/	0	0	0	0	2419.200
水的生产和供应业	/	/	/	/	/	0	0	0	0	0

2.4 生活源废气污染排放情况

生活源废气中二氧化硫排放量

单位：t

行政区划名称	2011 年	2012 年	2013 年	2014 年	2015 年	2016 年	2017 年	2018 年	2019 年	2020 年
海南省	**1512.047**	**1078.269**	**760.853**	**704.175**	**611.588**	**0.086**	**0.092**	**0.095**	**0.105**	**0.180**
海口市	21.012	177.684	11.420	15.000	19.530	0.005	0.002	…	…	0.080
三亚市	196.620	88.786	51.000	69.870	71.604	…	0.003	…	…	0.030
三沙市	/	0	0	0	0	0	0	0	0	0
儋州市	45.600	45.870	45.870	15.660	15.660	…	0.003	…	…	0.010
洋浦经济开发区	0	10.000	0	0	0	/	/	/	/	0.020
五指山市	21.000	21.000	21.000	21.000	21.000	0.006	…	0.003	0.002	0
琼海市	261.426	254.026	58.026	125.000	145.000	0.006	…	0.011	0.012	0.020
文昌市	2.850	2.000	2.000	2.000	2.000	0.008	0.001	0.002	0.003	0
万宁市	28.000	32.096	30.711	31.400	34.000	0.008	0.002	0.011	0.009	0.010
东方市	29.000	7.800	20.000	1.600	1.600	0.003	0.003	0.009	0.010	0.010
定安县	33.600	38.400	42.560	49.741	34.110	0.006	0.012	0.006	0.007	0
屯昌县	31.300	81.000	20.000	17.000	0	0.003	0.013	0.006	0.007	0
澄迈县	261.930	98.000	38.000	38.520	33.330	0.007	0.035	0.013	0.015	0
临高县	7.399	25.870	50.000	12.800	12.800	0.003	…	0.008	0.009	0
白沙黎族自治县	1.330	8.120	20.000	9.334	9.959	0.002	0	0.003	0.003	0
昌江黎族自治县	414.800	12.000	80.064	81.751	72.000	0.004	0.003	0.004	0.003	0
乐东黎族自治县	146.620	146.620	134.000	68.000	2.000	0.005	…	0.007	0.008	0
陵水黎族自治县	0	10.970	96.202	106.000	80.750	0.013	0.010	0.007	0.009	0
保亭黎族苗族自治县	6.560	7.727	10.000	7.480	1.890	0.002	…	0.003	0.003	0
琼中黎族苗族自治县	3.000	10.300	30.000	32.019	54.355	0.005	0.004	0.003	0.004	0

注：①2011—2015 年生活源废气中二氧化硫排放量统计范围：城镇生活源污染排放情况。

②2016—2020 年生活源废气中二氧化硫排放量统计范围：居民生活、第三产业、工业非重点调查单位等污染排放情况。

③2016—2019 年儋州市生活源废气中二氧化硫排放量统计范围含洋浦经济开发区。

生活源废气中氮氧化物排放量

单位：t

行政区划名称	2011 年	2012 年	2013 年	2014 年	2015 年	2016 年	2017 年	2018 年	2019 年	2020 年
海南省	**289.071**	**212.268**	**1004.440**	**456.688**	**421.712**	**192.000**	**205.200**	**210.000**	**234.000**	**410.060**
海口市	60.284	31.990	17.340	18.500	26.750	73.186	101.968	42.608	45.251	177.930
三亚市	28.330	15.509	12.380	12.180	13.748	6.438	13.863	72.269	85.333	59.970
三沙市	/	0	0	0	0	0	0	0	0	0
儋州市	18.000	37.230	37.230	12.710	12.710	10.952	8.112	7.659	9.767	13.430
洋浦经济开发区	0	2.550	1.996	2.250	3.926	/	/	/	/	52.940
五指山市	3.000	3.000	3.000	3.000	3.000	2.944	1.472	2.421	1.301	0.140
琼海市	26.408	26.408	26.408	31.000	31.000	11.437	3.788	14.064	14.719	39.560
文昌市	1.100	2.680	3.700	3.700	3.700	2.661	4.878	9.625	10.554	7.550
万宁市	3.250	3.500	3.540	10.670	15.000	6.913	1.556	7.037	7.492	16.460
东方市	21.850	18.520	40.000	4.800	4.800	7.121	4.409	9.278	7.392	11.440
定安县	8.068	5.792	157.016	160.667	145.980	37.690	9.671	4.260	4.787	0.110
屯昌县	5.300	11.100	60.000	4.000	0	1.426	12.502	4.818	5.853	0.080
澄迈县	36.800	15.000	80.000	20.000	25.000	5.867	17.886	8.468	10.546	9.700
临高县	0.736	2.580	80.000	1.600	1.600	4.136	0.464	4.574	3.764	1.040
白沙黎族自治县	7.777	7.960	40.000	9.000	18.265	1.237	1.175	1.989	0.635	0.160
昌江黎族自治县	48.800	6.750	100.000	54.200	41.000	4.740	3.364	4.022	7.870	10.480
乐东黎族自治县	17.260	17.260	150.000	15.850	0.800	4.279	0.420	5.492	5.975	0.190
陵水黎族自治县	0	2.620	105.830	83.000	65.209	6.385	15.747	7.397	8.336	7.910
保亭黎族苗族自治县	1.108	0.819	26.000	6.500	6.000	2.849	0.233	1.942	1.944	0.130
琼中黎族苗族自治县	1.000	1.000	60.000	3.061	3.224	1.739	3.692	2.077	2.482	0.840

注：①2011—2015 年生活源废气中氮氧化物排放量统计范围：城镇生活源污染排放情况。
②2016—2020 年生活源废气中氮氧化物排放量统计范围：居民生活、第三产业、工业非重点调查单位等污染排放情况。
③2016—2019 年儋州市生活源废气中氮氧化物排放量统计范围含洋浦经济开发区。

生活源废气中颗粒物排放量

单位：t

行政区划名称	2011 年	2012 年	2013 年	2014 年	2015 年	2016 年	2017 年	2018 年	2019 年	2020 年
海南省	**564.994**	**1674.574**	**407.162**	**767.233**	**740.865**	**17.600**	**18.810**	**19.250**	**21.450**	**37.600**
海口市	2.060	174.200	4.500	229.320	240.690	1.302	…	0.771	0.931	16.310
三亚市	280.000	80.800	16.000	6.220	7.020	0.480	0.203	0.113	0.150	5.500
三沙市	/	0	0	0	0	0	0	0	0	0
儋州市	0	44.168	32.800	15.080	15.080	0.313	0.154	0.071	0.089	1.230
洋浦经济开发区	0	10.000	0	0	0	/	/	/	/	4.850
五指山市	2.000	22.000	8.000	8.000	8.000	0.251	…	0.378	0.269	0.010
琼海市	13.200	264.000	13.200	10.500	10.500	1.580	0.001	2.026	2.289	3.630
文昌市	0.312	4.316	0.322	0.322	0.322	1.427	0.092	0.695	0.801	0.690
万宁市	12.000	12.800	12.240	12.800	13.000	1.805	0.918	2.125	1.611	1.510
东方市	80.000	490.000	8.000	0	0	0.912	0	1.736	1.999	1.050
定安县	72.660	32.040	36.300	96.000	90.000	1.399	7.068	1.610	1.950	0.010
屯昌县	4.000	200.000	16.600	16.000	0	0.332	0.899	0.002	1.157	0.010
澄迈县	10.000	100.000	40.000	68.500	69.000	2.151	…	2.818	3.322	0.890
临高县	11.000	25.580	8.000	6.500	6.500	0.782	0	1.046	1.189	0.100
白沙黎族自治县	3.000	3.700	2.500	4.316	4.605	0.335	0	0.500	0.576	0.020
昌江黎族自治县	48.800	10.000	42.000	112.000	110.000	0.685	1.967	1.198	1.212	0.960
乐东黎族自治县	8.630	169.630	61.700	57.000	61.000	1.025	0.246	1.233	0.595	0.020
陵水黎族自治县	0	10.000	68.500	9.370	0	1.564	6.994	1.889	2.400	0.720
保亭黎族苗族自治县	10.332	11.340	3.500	70.000	65.000	0.301	0.024	0.459	0.521	0.010
琼中黎族苗族自治县	7.000	10.000	33.000	45.305	40.148	0.956	0.246	0.579	0.389	0.080

注：①2011—2015 年生活源废气中颗粒物排放量统计范围：城镇生活源污染排放情况。

②2016—2020 年生活源废气中颗粒物排放量统计范围：居民生活、第三产业、工业非重点调查单位等污染排放情况。

③2016—2019 年儋州市生活源废气中颗粒物排放量统计范围含洋浦经济开发区。

生活源废气中挥发性有机物排放量

单位：t

行政区划名称	2011 年	2012 年	2013 年	2014 年	2015 年	2016 年	2017 年	2018 年	2019 年	2020 年
海南省	/	/	/	/	/	/	**39.814**	**42.066**	**44.025**	**9274.990**
海口市	/	/	/	/	/	/	15.900	6.630	6.711	2995.960
三亚市	/	/	/	/	/	/	2.446	12.350	13.831	1005.160
三沙市	/	/	/	/	/	/	0	0	0	1.870
儋州市	/	/	/	/	/	/	1.367	1.367	1.588	741.610
洋浦经济开发区	/	/	/	/	/	/	0.162	0.134	0.207	88.370
五指山市	/	/	/	/	/	/	0.255	0.255	0.150	96.620
琼海市	/	/	/	/	/	/	0.545	0.780	0.746	471.050
文昌市	/	/	/	/	/	/	0.864	1.183	1.235	486.330
万宁市	/	/	/	/	/	/	0	0.845	0.751	468.280
东方市	/	/	/	/	/	/	0.957	1.176	0.890	373.910
定安县	/	/	/	/	/	/	2.760	2.764	2.863	242.000
屯昌县	/	/	/	/	/	/	3.005	3.037	3.046	215.730
澄迈县	/	/	/	/	/	/	5.102	6.031	5.911	422.370
临高县	/	/	/	/	/	/	0.113	0.238	0.161	352.180
白沙黎族自治县	/	/	/	/	/	/	0.182	0.201	0.035	136.340
昌江黎族自治县	/	/	/	/	/	/	0.960	0.704	1.545	194.740
乐东黎族自治县	/	/	/	/	/	/	0.120	0.108	0.118	385.050
陵水黎族自治县	/	/	/	/	/	/	3.999	3.291	3.421	313.520
保亭黎族苗族自治县	/	/	/	/	/	/	0.066	0.073	0.091	132.440
琼中黎族苗族自治县	/	/	/	/	/	/	1.011	0.899	0.725	151.460

注：①2011—2016 年生态环境统计未开展生活源废气中挥发性有机物调查。

②2017—2019 年生活源废气中挥发性有机物排放量统计范围：城镇生活源污染排放情况。

③2020 年生活源废气中挥发性有机物排放量统计范围：居民生活、第三产业、工业非重点调查单位等污染排放情况。

2.5 危险废物（医疗废物）集中处理厂废气污染排放情况

危险废物（医疗废物）焚烧废气中二氧化硫排放量

单位：t

行政区划名称	2011 年	2012 年	2013 年	2014 年	2015 年	2016 年	2017 年	2018 年	2019 年	2020 年
海南省	**1.180**	**0.154**	**0.930**	**5.166**	**5.194**	**1.776**	**5.057**	**5.365**	**5.265**	**35.795**
海口市	0.820	0.001	0	4.320	2.937	0	0	0	0	0
三亚市	0.360	0	0	0.060	0.827	0.169	0.636	0.629	1.193	33.217
三沙市	0	0	0	0	0	0	0	0	0	0
儋州市	0	0	0	0	0	0	0	0	0	0
洋浦经济开发区	0	0	0	0	0	0	0	0	0	0
五指山市	0	0	0	0	0	0	0	0	0	0
琼海市	0	0	0	0	0	0	0	0	0	0
文昌市	0	0	0	0	0	0	0	0	0	0
万宁市	0	0	0	0	0	0	0	0	0	0
东方市	0	0	0	0	0	0	0	0	0	0
定安县	0	0	0	0	0	0	0	0	0	0
屯昌县	0	0	0	0	0	0	0	0	0	0
澄迈县	0	0	0	0	0	0.223	1.734	2.480	2.809	0
临高县	0	0	0	0	0	0	0	0	0	0
白沙黎族自治县	0	0	0	0	0	0	0	0	0	0
昌江黎族自治县	0	0.153	0.930	0.786	1.430	1.384	2.686	2.257	1.264	2.578
乐东黎族自治县	0	0	0	0	0	0	0	0	0	0
陵水黎族自治县	0	0	0	0	0	0	0	0	0	0
保亭黎族苗族自治县	0	0	0	0	0	0	0	0	0	0
琼中黎族苗族自治县	0	0	0	0	0	0	0	0	0	0

危险废物（医疗废物）焚烧废气中氮氧化物排放量

单位：t

行政区划名称	2011 年	2012 年	2013 年	2014 年	2015 年	2016 年	2017 年	2018 年	2019 年	2020 年
海南省	**4.670**	**0.175**	**1.085**	**9.028**	**7.524**	**28.313**	**35.032**	**37.320**	**40.247**	**209.914**
海口市	3.370	0.013	0	6.910	3.353	0	0	0	0	0
三亚市	1.300	0	0	0.995	3.100	9.718	13.550	10.970	12.812	205.700
三沙市	0	0	0	0	0	0	0	0	0	0
儋州市	0	0	0	0	0	0	0	0	0	0
洋浦经济开发区	0	0	0	0	0	0	0	0	0	0
五指山市	0	0	0	0	0	0	0	0	0	0
琼海市	0	0	0	0	0	0	0	0	0	0
文昌市	0	0	0	0	0	0	0	0	0	0
万宁市	0	0	0	0	0	0	0	0	0	0
东方市	0	0	0	0	0	0	0	0	0	0
定安县	0	0	0	0	0	0	0	0	0	0
屯昌县	0	0	0	0	0	0	0	0	0	0
澄迈县	0	0	0	0	0	16.817	15.761	21.921	25.016	0
临高县	0	0	0	0	0	0	0	0	0	0
白沙黎族自治县	0	0	0	0	0	0	0	0	0	0
昌江黎族自治县	0	0.162	1.085	1.123	1.071	1.778	5.721	4.429	2.419	4.213
乐东黎族自治县	0	0	0	0	0	0	0	0	0	0
陵水黎族自治县	0	0	0	0	0	0	0	0	0	0
保亭黎族苗族自治县	0	0	0	0	0	0	0	0	0	0
琼中黎族苗族自治县	0	0	0	0	0	0	0	0	0	0

危险废物（医疗废物）焚烧废气中颗粒物排放量

单位：t

行政区划名称	2011 年	2012 年	2013 年	2014 年	2015 年	2016 年	2017 年	2018 年	2019 年	2020 年
海南省	**3.030**	**0.123**	**1.440**	**3.379**	**3.462**	**6.502**	**7.546**	**6.421**	**4.981**	**37.585**
海口市	1.380	0.006	0	2.630	1.443	0	0	0	0	0
三亚市	1.650	0	0	0.075	0.527	4.418	5.205	1.858	1.521	35.873
三沙市	0	0	/	/	/	0	0	0	0	0
儋州市	0	0	/	/	/	0	0	0	0	0
洋浦经济开发区	0	0	/	/	/	0	0	0	0	0
五指山市	0	0	/	/	/	0	0	0	0	0
琼海市	0	0	/	/	/	0	0	0	0	0
文昌市	0	0	/	/	/	0	0	0	0	0
万宁市	0	0	/	/	/	0	0	0	0	0
东方市	0	0	/	/	/	0	0	0	0	0
定安县	0	0	/	/	/	0	0	0	0	0
屯昌县	0	0	/	/	/	0	0	0	0	0
澄迈县	0	0	/	/	/	0.516	1.431	3.487	2.635	0
临高县	0	0	/	/	/	0	0	0	0	0
白沙黎族自治县	0	0	/	/	/	0	0	0	0	0
昌江黎族自治县	0	0.117	1.440	0.674	1.492	1.568	0.910	1.076	0.825	1.712
乐东黎族自治县	0	0	0	0	0	0	0	0	0	0
陵水黎族自治县	0	0	0	0	0	0	0	0	0	0
保亭黎族苗族自治县	0	0	0	0	0	0	0	0	0	0
琼中黎族苗族自治县	0	0	0	0	0	0	0	0	0	0

2.6 移动源废气污染排放情况

移动源废气中氮氧化物排放量

单位：t

行政区划名称	2011 年	2012 年	2013 年	2014 年	2015 年	2016 年	2017 年	2018 年	2019 年	2020 年
海南省	**29764.960**	**31274.100**	**32412.550**	**29684.590**	**28980.790**	**25909.981**	**27058.918**	**26389.543**	**25658.567**	**22063.320**
海口市	9514.080	9823.050	10186.040	9429.920	9583.960	/	/	/	/	7392.500
三亚市	4064.240	4210.460	4382.960	3997.810	3749.150	/	/	/	/	3405.580
三沙市	/	0	0	0	0	/	/	/	/	0
儋州市	2417.420	2485.810	2060.160	1908.490	1919.870	/	/	/	/	1272.810
洋浦经济开发区	581.500	509.970	1480.510	1231.150	1173.630	/	/	/	/	626.750
五指山市	595.980	632.720	482.720	452.830	446.220	/	/	/	/	375.640
琼海市	1167.450	1283.680	1882.840	1755.670	1719.580	/	/	/	/	1187.110
文昌市	1582.880	1648.140	1429.570	1365.860	1305.870	/	/	/	/	715.470
万宁市	767.610	810.590	1198.730	1114.920	1133.490	/	/	/	/	826.890
东方市	225.810	304.330	1112.160	1081.140	944.220	/	/	/	/	1122.660
定安县	891.490	1074.530	2017.200	1602.870	1621.640	/	/	/	/	790.520
屯昌县	591.110	654.390	556.990	501.070	487.970	/	/	/	/	313.910
澄迈县	4637.400	4746.730	1239.510	1132.430	1101.860	/	/	/	/	592.980
临高县	792.680	830.680	716.050	685.900	690.730	/	/	/	/	486.500
白沙黎族自治县	214.690	250.020	285.640	271.810	266.510	/	/	/	/	322.500
昌江黎族自治县	332.120	393.460	753.340	639.270	609.380	/	/	/	/	316.610
乐东黎族自治县	685.010	729.760	810.730	783.040	780.970	/	/	/	/	759.610
陵水黎族自治县	247.760	347.230	944.940	896.660	873.710	/	/	/	/	810.700
保亭黎族苗族自治县	162.710	209.080	440.820	424.600	273.860	/	/	/	/	430.840
琼中黎族苗族自治县	293.020	329.470	431.640	409.150	298.170	/	/	/	/	313.740

注：①2011—2015 年、2020 年移动源废气中氮氧化物排放量统计范围：各市（县）机动车保有量的污染物排放量。

②2016—2019 年移动源废气中氮氧化物排放量统计范围：全省机动车总保有量的污染物排放量。

移动源废气中颗粒物排放量

单位：t

行政区划名称	2011年	2012年	2013年	2014年	2015年	2016年	2017年	2018年	2019年	2020年
海南省	**4201.050**	**4267.940**	**3565.360**	**3546.760**	**3550.680**	**462.634**	**428.539**	**399.811**	**356.167**	**572.400**
海口市	1121.400	1137.670	1160.240	1156.530	1141.880	/	/	/	/	152.830
三亚市	448.930	454.450	465.650	466.470	474.680	/	/	/	/	74.490
三沙市	/	0	0	0	0	/	/	/	/	0
儋州市	491.130	494.280	205.120	207.330	209.760	/	/	/	/	33.090
洋浦经济开发区	60.120	56.550	199.500	197.450	199.200	/	/	/	/	8.200
五指山市	73.020	73.520	55.500	55.150	55.720	/	/	/	/	15.130
琼海市	106.790	111.260	211.870	210.430	210.810	/	/	/	/	41.670
文昌市	119.910	122.200	134.670	137.420	139.150	/	/	/	/	16.860
万宁市	68.780	70.590	111.070	108.650	109.270	/	/	/	/	28.280
东方市	19.760	22.370	106.660	109.470	102.760	/	/	/	/	49.360
定安县	187.200	200.330	289.530	285.020	286.130	/	/	/	/	15.230
屯昌县	712.670	715.470	55.820	53.790	54.690	/	/	/	/	9.100
澄迈县	105.000	112.230	144.420	143.030	145.780	/	/	/	/	11.160
临高县	82.760	82.770	71.380	69.540	70.320	/	/	/	/	14.210
白沙黎族自治县	23.370	26.670	24.700	24.750	25.510	/	/	/	/	11.840
昌江黎族自治县	23.850	25.450	72.380	65.180	65.780	/	/	/	/	4.700
乐东黎族自治县	82.750	83.430	75.270	76.070	77.080	/	/	/	/	27.600
陵水黎族自治县	442.010	444.600	95.330	93.990	94.140	/	/	/	/	30.830
保亭黎族苗族自治县	12.390	14.500	43.420	43.830	44.710	/	/	/	/	16.030
琼中黎族苗族自治县	19.210	19.600	42.830	42.660	43.310	/	/	/	/	11.790

注：①2011—2015年、2020年移动源废气中颗粒物排放量统计范围：各市（县）机动车保有量的污染物排放量。

②2016—2019年移动源废气中颗粒物排放量统计范围：全省机动车总保有量的污染物排放量。

移动源废气中挥发性有机物排放量

单位：t

行政区划名称	2011 年	2012 年	2013 年	2014 年	2015 年	2016 年	2017 年	2018 年	2019 年	2020 年
海南省	/	/	/	/	/	**18222.510**	**23854.000**	**20414.000**	**10344.550**	**9822.950**
海口市	/	/	/	/	/	6182.000	/	/	/	4187.920
三亚市	/	/	/	/	/	2751.000	/	/	/	1369.640
三沙市	/	/	/	/	/	0	/	/	/	0
儋州市	/	/	/	/	/	1191.980	/	/	/	513.950
洋浦经济开发区	/	/	/	/	/	483.410	/	/	/	97.280
五指山市	/	/	/	/	/	289.280	/	/	/	144.450
琼海市	/	/	/	/	/	1327.730	/	/	/	629.040
文昌市	/	/	/	/	/	914.690	/	/	/	356.050
万宁市	/	/	/	/	/	870.540	/	/	/	345.910
东方市	/	/	/	/	/	469.750	/	/	/	438.860
定安县	/	/	/	/	/	274.070	/	/	/	162.540
屯昌县	/	/	/	/	/	357.980	/	/	/	128.100
澄迈县	/	/	/	/	/	532.770	/	/	/	181.230
临高县	/	/	/	/	/	404.740	/	/	/	163.350
白沙黎族自治县	/	/	/	/	/	379.270	/	/	/	145.430
昌江黎族自治县	/	/	/	/	/	198.870	/	/	/	96.360
乐东黎族自治县	/	/	/	/	/	554.640	/	/	/	265.190
陵水黎族自治县	/	/	/	/	/	538.030	/	/	/	288.120
保亭黎族苗族自治县	/	/	/	/	/	255.850	/	/	/	180.920
琼中黎族苗族自治县	/	/	/	/	/	245.910	/	/	/	128.610

注：①2011—2015 年生态环境统计未开展移动源废气中挥发性有机物调查。

②2016 年、2020 年移动源废气中挥发性有机物排放量统计范围：各市（县）机动车保有量的污染物排放量。

③2017—2019 年移动源废气中挥发性有机物排放总量统计范围：全省机动车总保有量的污染物排放量。

3

一般工业固体废物与危险废物篇

3.1 一般工业固体废物产生及利用处置情况

一般工业固体废物产生量

单位：万 t

行政区划名称	2011 年	2012 年	2013 年	2014 年	2015 年	2016 年	2017 年	2018 年	2019 年	2020 年
海南省	**406.194**	**369.458**	**410.506**	**507.795**	**403.334**	**332.532**	**473.646**	**490.271**	**608.552**	**713.917**
海口市	4.146	5.347	5.715	4.541	4.002	4.012	22.187	4.495	6.953	6.076
三亚市	1.500	2.000	4.978	0.128	8.208	6.580	4.310	10.393	26.166	12.709
三沙市	/	0	0	0	0	0	0	0	0.011	0.004
儋州市	7.050	2.383	1.267	3.177	38.887	3.143	15.405	1.920	1.623	4.861
洋浦经济开发区	54.924	52.423	52.620	50.097	54.023	46.734	48.327	44.823	41.545	46.333
五指山市	0.841	0.830	0.726	0.077	0.118	0.364	0.266	0.358	0.320	0.267
琼海市	0.023	1.123	1.124	1.291	1.108	1.504	2.676	2.515	1.645	0.601
文昌市	2.775	3.381	3.354	3.632	8.124	9.362	4.112	4.542	3.644	3.509
万宁市	1.252	1.207	1.107	1.115	1.081	0.587	1.656	0.034	0.926	0.241
东方市	38.977	32.311	42.722	61.921	62.989	45.488	49.547	58.050	56.211	42.829
定安县	3.058	2.303	1.013	1.044	1.095	2.158	2.542	2.724	2.300	2.746
屯昌县	0.612	0.676	0	0.402	0.402	0.003	2.445	0.005	0.004	1.770
澄迈县	63.335	68.922	74.310	59.646	59.702	88.885	56.788	69.545	62.442	54.604
临高县	1.026	1.438	8.090	7.080	7.159	4.741	6.026	7.664	4.802	4.445
白沙黎族自治县	6.287	9.884	10.010	7.796	3.938	4.152	1.114	4.092	2.853	3.171
昌江黎族自治县	193.735	158.436	171.140	277.281	110.253	84.708	224.525	248.555	373.968	488.705
乐东黎族自治县	25.983	26.580	31.830	27.516	40.913	29.901	26.727	30.341	22.728	33.350
陵水黎族自治县	0.049	0.018	0	0	0	0.002	0.906	0.009	0.018	7.350
保亭黎族苗族自治县	0.262	0.195	0.161	0.153	0.149	0.188	2.689	0.175	0.208	0.121
琼中黎族苗族自治县	0.359	0	0.339	0.898	1.183	0.021	1.398	0.033	0.182	0.228

一般工业固体废物综合利用量

单位：万 t

行政区划名称	2011 年	2012 年	2013 年	2014 年	2015 年	2016 年	2017 年	2018 年	2019 年	2020 年
海南省	**186.919**	**222.960**	**267.967**	**266.745**	**249.811**	**225.482**	**240.536**	**268.611**	**397.862**	**484.458**
海口市	3.741	4.900	5.354	3.504	3.531	3.777	21.513	4.062	6.613	5.749
三亚市	1.500	2.000	4.978	…	0	0	4.308	0.831	16.153	12.539
三沙市	/	0	0	0	0	0	0	0	0.008	0.002
儋州市	7.050	2.383	1.267	3.177	38.887	1.027	15.405	1.729	1.309	4.746
洋浦经济开发区	20.922	20.277	21.443	20.633	51.158	33.093	29.123	23.445	27.131	46.268
五指山市	0.839	0.828	0.725	0.077	0.118	0.364	0.266	0.358	0.320	0.267
琼海市	0.023	1.123	1.124	1.291	1.108	1.504	2.676	2.398	1.645	0.601
文昌市	2.775	3.381	3.354	3.632	6.547	9.362	1.455	4.530	3.628	3.501
万宁市	1.252	1.207	1.107	1.115	1.081	0.641	1.636	0.034	0.799	0.251
东方市	28.532	27.871	37.800	58.470	58.450	45.488	44.795	57.601	55.166	42.257
定安县	3.058	2.304	1.013	1.044	1.095	2.158	2.542	2.724	2.300	2.737
屯昌县	0.612	0.676	0	0.402	0.402	0.003	2.443	0.004	0.002	1.770
澄迈县	59.318	89.316	62.039	59.631	53.167	88.819	56.769	69.359	62.122	53.460
临高县	1.026	1.438	8.090	7.080	7.158	4.741	6.026	7.662	4.802	3.759
白沙黎族自治县	6.287	9.884	10.010	7.790	3.930	4.152	1.207	1.284	1.167	3.139
昌江黎族自治县	48.833	54.679	109.162	97.849	8.405	10.552	21.558	64.845	191.589	262.433
乐东黎族自治县	0.483	0.480	0	0	13.442	19.592	23.865	27.537	22.727	33.303
陵水黎族自治县	0.049	0.018	0	0	0	0.002	0.906	0	0.001	7.333
保亭黎族苗族自治县	0.262	0.195	0.161	0.153	0.149	0.188	2.688	0.175	0.208	0.121
琼中黎族苗族自治县	0.359	0	0.339	0.898	1.183	0.021	1.356	0.033	0.173	0.225

一般工业固体废物处置量

单位：万 t

行政区划名称	2011 年	2012 年	2013 年	2014 年	2015 年	2016 年	2017 年	2018 年	2019 年	2020 年
海南省	**180.692**	**58.908**	**45.051**	**34.102**	**41.103**	**39.845**	**227.229**	**212.643**	**200.130**	**228.007**
海口市	0.406	0.447	0.361	1.037	0.472	0.241	0.669	0.562	0.335	0.279
三亚市	0	0	0	0.128	8.207	6.580	0	9.563	10.237	0.152
三沙市	/	0	0	0	0	0	0	0	0.003	0.002
儋州市	0	0	0	0	0	2.159	0	0.222	0.240	0.176
洋浦经济开发区	28.335	32.144	31.178	29.465	6.898	20.507	19.204	21.378	14.414	0.056
五指山市	0	0	0	0	0	0	0.001	0	0	0.253
琼海市	0	0	0	0	0	0	0	0.117	…	0
文昌市	0	0	0	0	2.279	0	2.655	0.012	0.017	0.008
万宁市	0	0	0	0	0	0.026	0.019	…	0.072	0.067
东方市	0.401	0.070	1.240	3.451	0.209	0	4.958	0.285	0.284	0.372
定安县	0	0	0	0	0	0	0	0	0	0.009
屯昌县	0	0	0	0	0	0	0.001	…	…	…
澄迈县	4.017	0.147	12.273	0.015	6.536	0.023	0.001	0.196	0.260	1.145
临高县	2.347	0	0	0	0.001	0	0	0.002	0	0.020
白沙黎族自治县	0	0	0	0.006	0.008	0	0.062	2.786	1.650	0.017
昌江黎族自治县	145.186	0	0	0	0	0	196.756	174.710	172.601	225.384
乐东黎族自治县	0	26.100	0	0	16.493	10.309	2.862	2.804	0.003	0.048
陵水黎族自治县	0	0	0	0	0	0	0	0.005	0.005	0.015
保亭黎族苗族自治县	0	0	0	0	0	0	0	0	0	0
琼中黎族苗族自治县	0	0	0	0	0	0	0.041	0	0.010	0.006

3.2 危险废物产生及利用处置情况

危险废物产生量

单位：t

行政区划名称	2011 年	2012 年	2013 年	2014 年	2015 年	2016 年	2017 年	2018 年	2019 年	2020 年
海南省	**7148.500**	**15317.030**	**23816.220**	**22166.160**	**40126.740**	**44015.492**	**41922.556**	**60642.645**	**49285.527**	**97697.010**
海口市	1805.850	2050.190	7404.270	5995.830	11880.250	2380.925	14114.746	4611.080	4444.287	1983.400
三亚市	0	9.770	33.090	59.990	8141.760	3064.721	87.360	5746.337	6058.689	14794.620
三沙市	/	0	0	0	0	0	5.502	0	0	0
儋州市	3.880	14.240	8.000	8.000	0	0	28.342	9.268	6.195	27.730
洋浦经济开发区	2995.880	1501.000	3083.620	3214.960	3725.600	2235.694	10278.170	31722.632	16530.647	31562.630
五指山市	0.240	0	0	0	1.080	0.786	13.538	2.022	1.216	4.750
琼海市	0.200	0	763.000	700.000	782.000	219.929	1.100	296.513	236.256	5.190
文昌市	0	0	161.000	0	183.000	636.436	89.208	1183.356	570.677	1447.990
万宁市	0	0	0	0	0	0	0	…	0.827	1.530
东方市	134.080	764.170	590.330	305.840	1197.090	19030.350	15664.582	4162.750	4409.634	19457.480
定安县	0	0	0	0	0	0	15.948	0	12.356	33.070
屯昌县	0	0	0	0	0	0	7.040	0.844	0.913	2659.250
澄迈县	2071.180	10951.840	11751.000	11860.720	14200.710	6862.047	999.563	11680.641	9071.321	19991.480
临高县	0	0	0	0	0	0	58.300	0.249	0.399	21.110
白沙黎族自治县	0	0	0	0	0	0	265.625	0.001	1.804	3.020
昌江黎族自治县	6.680	13.500	9.500	8.000	8.050	6.898	72.212	1222.177	67.056	177.340
乐东黎族自治县	127.000	9.340	10.250	10.700	6.200	9578.000	10.160	3.229	7872.215	18.070
陵水黎族自治县	0	0	0	0	0	0	8.851	0.917	0.490	5506.750
保亭黎族苗族自治县	3.510	2.980	2.160	2.120	1.000	0	0.001	0	0	0
琼中黎族苗族自治县	0	0	0	0	0	0	202.308	0.630	0.546	1.630

危险废物综合利用量

单位：t

行政区划名称	2011 年	2012 年	2013 年	2014 年	2015 年
海南省	**1246.840**	**951.400**	**9.500**	**1691.670**	**1199.030**
海口市	620.530	74.030	0	40.200	819.070
三亚市	0	0	0	0	0
三沙市	/	0	0	0	0
儋州市	0	14.240	0	0	0
洋浦经济开发区	625.470	555.430	0	940.000	20.600
五指山市	0.240	0	0	0	0
琼海市	0	0	0	700.000	0
文昌市	0	0	0	0	183.000
万宁市	0	0	0	0	0
东方市	0.600	305.700	0	2.970	164.180
定安县	0	0	0	0	0
屯昌县	0	0	0	0	0
澄迈县	0	0	0	0.500	6.440
临高县	0	0	0	0	0
白沙黎族自治县	0	0	0	0	0
昌江黎族自治县	0	2.000	9.500	8.000	4.730
乐东黎族自治县	0	0	0	0	0
陵水黎族自治县	0	0	0	0	0
保亭黎族苗族自治县	0	0	0	0	1.000
琼中黎族苗族自治县	0	0	0	0	0

注：①2011—2015 年危险废物综合利用量与处置量统计方式为分别单独统计。

②2016—2020 年危险废物利用处置量统计方式为危险废物综合利用量与处置量合并统计。

危险废物处置量

单位：t

行政区划名称	2011 年	2012 年	2013 年	2014 年	2015 年
海南省	**5177.340**	**15578.860**	**22441.100**	**20826.260**	**39571.440**
海口市	1184.670	1975.960	7401.560	5953.000	11169.120
三亚市	0	9.770	33.090	59.990	8141.260
三沙市	/	0	0	0	0
儋州市	3.880	0	8.000	8.000	0
洋浦经济开发区	1780.420	2174.140	1720.710	2628.710	4252.140
五指山市	0	0	0	0	1.080
琼海市	0.200	0	763.000	0	782.000
文昌市	0	0	161.000	0	0
万宁市	0	0	0	0	0
东方市	133.480	457.650	590.330	302.860	1020.850
定安县	0	0	0	0	0
屯昌县	0	0	0	0	0
澄迈县	2071.180	10949.840	11751.000	11860.880	14195.470
临高县	0	0	0	0	0
白沙黎族自治县	0	0	0	0	0
昌江黎族自治县	0	0	0	0	3.320
乐东黎族自治县	0	8.520	10.250	10.700	6.200
陵水黎族自治县	0	0	0	0	0
保亭黎族苗族自治县	3.510	2.980	2.160	2.120	0
琼中黎族苗族自治县	0	0	0	0	0

注：①2011—2015 年危险废物综合利用量与处置量统计方式为分别单独统计。

②2016—2020 年危险废物利用处置量统计方式为危险废物综合利用量与处置量合并统计。

危险废物利用处置量

单位：t

行政区划名称	2016 年	2017 年	2018 年	2019 年	2020 年
海南省	**43606.721**	**41462.092**	**73096.205**	**58721.483**	**95779.410**
海口市	2350.077	14150.100	4995.434	4717.248	2037.190
三亚市	3065.221	85.459	5746.297	6059.356	14816.770
三沙市	0	5.352	0	0	0
儋州市	0	28.142	9.760	8.162	27.700
洋浦经济开发区	3510.600	9768.150	33838.923	19542.663	31573.080
五指山市	0.786	17.938	2.022	1.181	4.750
琼海市	219.929	1.100	296.505	236.251	5.180
文昌市	636.436	88.958	1183.566	710.592	1312.750
万宁市	0	0	0	0.710	1.480
东方市	17380.536	15689.042	15258.230	10385.229	19792.800
定安县	0	17.096	0	12.356	32.890
屯昌县	0	6.740	0.902	0.926	2.230
澄迈县	6858.532	990.554	11715.602	9098.475	20372.940
临高县	0	57.900	0.146	3.763	101.650
白沙黎族自治县	0	265.625	0	1.053	1.760
昌江黎族自治县	6.898	71.403	44.045	67.400	169.300
乐东黎族自治县	9577.706	7.170	3.229	7875.235	18.270
陵水黎族自治县	0	8.753	0.915	0.436	5507.120
保亭黎族苗族自治县	0	0.001	0	0	0
琼中黎族苗族自治县	0	202.608	0.630	0.446	1.580

注：①2011—2015 年危险废物综合利用量与处置量统计方式为分别单独统计。

②2016—2020 年危险废物利用处置量统计方式为危险废物综合利用量与处置量合并统计。

3.3 各工业行业一般工业固体废物产生及利用处置情况

各工业行业一般工业固体废物产生量

单位：万 t

行业类别名称	2011 年	2012 年	2013 年	2014 年	2015 年	2016 年	2017 年	2018 年	2019 年	2020 年
各工业行业一般工业固体废物产生量汇总	**406.194**	**369.458**	**410.506**	**507.795**	**403.334**	**332.532**	**473.646**	**490.271**	**608.552**	**713.917**
农、林、牧、渔专业及辅助性活动	0.030	0.003	0	0.003	0	0	0	0	0	0.020
煤炭开采和洗选业	0	0	0	0	0.007	0	0	0	0	0
石油和天然气开采业	0.001	0	0.128	0.135	6.658	2.747	1.220	1.274	1.413	1.396
黑色金属矿采选业	189.823	158.436	173.234	276.018	108.971	74.150	208.798	234.101	347.450	465.570
有色金属矿采选业	36.949	31.413	36.402	31.743	8.671	10.861	19.270	19.946	9.702	14.369
非金属矿采选业	1.312	1.480	1.035	1.047	1.058	0	5.308	0	0	0.337
开采专业及辅助性活动	0	0	0	0	0	0	…	0	0	0
其他采矿业	0.800	0	0	0	0	0	…	0	0	0
农副食品加工业	24.950	22.484	28.541	22.504	57.561	35.445	30.959	34.208	32.601	21.613
食品制造业	0.244	0.195	0.217	0.203	0.210	1.357	0.948	0.733	2.685	0.266
酒、饮料和精制茶制造业	0.472	0.463	0.558	0.512	0.304	1.071	1.466	1.246	1.378	1.707
烟草制品业	0	0	0	0.047	0	0	…	0	0	0
纺织业	0.052	0.033	0.021	0.007	0.007	0.006	0.046	0.009	0.008	0.064
纺织服装、服饰业	0	0	0	0	0	0	0.003	0	0	0
皮革、毛皮、羽毛及其制品和制鞋业	0	0	0	0	0	0	0.001	0	0	0
木材加工和木、竹、藤、棕、草制品业	0.927	0.266	0.164	0.555	0.588	0.904	10.650	0.975	1.450	0.234
家具制造业	…	…	0	0	0	0	0.121	0	0	0
造纸和纸制品业	54.930	52.421	52.560	48.048	47.105	40.957	42.320	34.666	31.319	37.915
印刷和记录媒介复制业	…	0	…	…	…	0	0.225	0.096	0.118	0.002
文教、工美、体育和娱乐用品制造业	0	0	0	0	0	0.001	0.001	0.001	0	0

行业类别名称	2011 年	2012 年	2013 年	2014 年	2015 年	2016 年	2017 年	2018 年	2019 年	2020 年
石油、煤炭及其他燃料加工业	0	0	0.047	0.260	0.252	0.006	0.098	0.156	0.119	0.082
化学原料和化学制品制造业	0.258	0.307	0.334	2.327	3.235	3.888	5.845	6.472	8.153	8.657
医药制造业	0.112	0.115	0.132	0.214	0.246	4.935	0.548	4.023	4.298	0.312
化学纤维制造业	0.024	0.046	0.031	0	0	0	0	0	0	0
橡胶和塑料制品业	0.057	0.067	0.088	0.036	0.019	0.095	0.212	0.216	0.253	0.060
非金属矿物制品业	3.065	17.088	3.154	4.204	3.013	18.915	26.941	27.887	34.613	21.343
黑色金属冶炼和压延加工业	0.037	0.002	0	0	0	…	…	0	0	0
有色金属冶炼和压延加工业	1.281	0.907	0.896	0.003	0.003	0	0.420	0	0	0
金属制品业	0	0.002	0.015	0	0	0	0.413	2.367	6.192	0.001
通用设备制造业	0	0	0	…	0	0	0.013	0	0	0
专用设备制造业	0	0	0	0.038	0	0	0.013	0	0	0
汽车制造业	0.005	0.015	0.020	0.019	0.011	0	0.372	0	0	0.046
铁路、船舶、航空航天和其他运输设备制造业	0	0	0	0	0	0	0.005	0	0	0.020
电气机械和器材制造业	0.021	0.043	0.506	0.745	0.360	1.530	1.016	0.689	0.933	0.082
计算机、通信和其他电子设备制造业	0.018	0.130	0	0.008	0	0	…	0	0	0
仪器仪表制造业	0	0	0	0	0	0	…	0	0	0
其他制造业	0	0	0	0	0	…	…	…	…	0
废弃资源综合利用业	0.034	0.001	0.005	0.005	4.079	0.059	0.084	0.087	0.320	0.213
金属制品、机械和设备修理业	0.003	0	0.002	0.001	0.001	0	0.009	0	0	0
电力、热力生产和供应业	90.788	83.541	112.417	119.115	160.977	133.074	112.719	117.411	120.947	137.054
燃气生产和供应业	0	0	0	0	0	0.016	0.023	0	0	0
水的生产和供应业	0	0	0	0	0	2.514	3.580	3.706	4.600	2.553

各工业行业一般工业固体废物综合利用量

单位：万 t

行业类别名称	2011 年	2012 年	2013 年	2014 年	2015 年	2016 年	2017 年	2018 年	2019 年	2020 年
各工业行业一般工业固体废物综合利用量汇总	**186.919**	**222.960**	**267.967**	**266.745**	**249.811**	**225.482**	**240.536**	**268.611**	**397.862**	**484.458**
农、林、牧、渔专业及辅助性活动	0.030	0.003	0	0.003	0	0	0	0	0.014	0.020
煤炭开采和洗选业	0	0	0	0	0.007	0	0	0	0	0
石油和天然气开采业	0	0	0.128	0.007	0	2.747	1.220	1.274	1.413	1.396
黑色金属矿采选业	44.637	54.730	111.257	96.586	7.173	8.942	12.041	47.104	168.720	240.242
有色金属矿采选业	1.005	0.943	0.890	0.899	0.864	6.454	6.212	4.802	6.555	14.179
非金属矿采选业	1.312	1.480	1.035	1.047	1.058	0	4.877	0	0	0.337
开采专业及辅助性活动	0	0	0	0	0	0	…	0	0	0
其他采矿业	0.800	0	0	0	0	0	…	0	0	0
农副食品加工业	24.879	22.424	28.513	22.463	57.471	34.243	30.631	33.098	33.603	20.720
食品制造业	0.242	0.195	0.211	0.203	0.210	1.352	0.938	0.724	0.721	0.203
酒、饮料和精制茶制造业	0.164	0.208	0.302	0.346	0.299	1.054	1.371	1.053	1.108	1.491
烟草制品业	0	0	0	0.047	0	0	…	0	0	0
纺织业	0.052	0.033	0.021	0.007	0.007	…	0.003	…	0.001	0.048
纺织服装、服饰业	0	0	0	0	0	0	0.002	0	0	0
皮革、毛皮、羽毛及其制品和制鞋业	0	0	0	0	0	0	0.001	0	0	0
木材加工和木、竹、藤、棕、草制品业	0.927	0.266	0.165	0.555	0.589	0.901	10.700	0.968	0.950	0.224
家具制造业	…	…	0	0	0	0	0.119	0	0	0
造纸和纸制品业	20.928	20.276	21.437	20.616	47.105	20.007	23.116	18.136	16.392	37.852
印刷和记录媒介复制业	…	0	0	…	…	0	0.220	0.095	0.114	0.002
文教、工美、体育和娱乐用品制造业	0	0	0	0	0	0.001	0.001	0.001	0	0
石油、煤炭及其他燃料加工业	0	0	0	0.249	0.250	…	0.111	0.105	0.095	0.031
化学原料和化学制品制造业	0.258	0.236	0.210	0.151	0.140	3.785	5.828	6.426	6.384	8.310

行业类别名称	2011 年	2012 年	2013 年	2014 年	2015 年	2016 年	2017 年	2018 年	2019 年	2020 年
医药制造业	0.103	0.109	0.127	0.167	0.207	4.729	0.539	3.839	3.835	0.271
化学纤维制造业	0	0.046	0.031	0	0	0	0	0	0	0
橡胶和塑料制品业	0.054	0.067	0.088	0.030	0.012	0.083	0.194	0.189	0.189	0.042
非金属矿物制品业	3.062	37.503	2.005	4.200	3.009	18.498	26.384	26.917	31.899	20.135
黑色金属冶炼和压延加工业	0.037	0.020	0	0	0	…	…	0	0	0
有色金属冶炼和压延加工业	1.615	0.907	0.896	0.003	0.003	0	0	0	0	0
金属制品业	0	…	0	0	0	0	0.408	2.339	6.119	0.001
通用设备制造业	0	0	0	…	0	0	0.013	0	0	0
专用设备制造业	0	0	0	0.038	0	0	0.013	0	0	0
汽车制造业	0.003	0	0.005	0	0	0	0.372	0	0	0.046
铁路、船舶、航空航天和其他运输设备制造业	0	0	0	0	0	0	0.005	0	0.001	0.020
电气机械和器材制造业	0.001	0	0.476	0.002	0	1.465	1.016	0.543	0.686	0.053
计算机、通信和其他电子设备制造业	0.018	0.010	0	0.008	0	0	…	0	0	0
仪器仪表制造业	0	0	0	0	0	0	…	0	0	0
其他制造业	0	0	0	0	0	0	0	0	0	0
废弃资源综合利用业	0	0.001	0.005	0.005	4.079	0.044	0.077	0.084	0.301	0.189
金属制品、机械和设备修理业	0.003	0	0.002	0.001	0.001	0	0.009	0	0	0
电力、热力生产和供应业	86.788	83.501	100.165	119.115	127.327	118.652	110.517	117.206	114.238	137.052
燃气生产和供应业	0	0	0	0	0	0.011	0.015	0	0	0
水的生产和供应业	0	0	0	0	0	2.514	3.580	3.706	4.525	1.595

各工业行业一般工业固体废物处置量

单位：万 t

行业类别名称	2011 年	2012 年	2013 年	2014 年	2015 年	2016 年	2017 年	2018 年	2019 年	2020 年
各工业行业一般工业固体废物处置量汇总	**180.692**	**58.908**	**45.051**	**34.102**	**41.103**	**39.845**	**227.229**	**212.643**	**200.130**	**228.007**
农、林、牧、渔专业及辅助性活动	0	0	0	0	0	0	0	0	0.014	0.014
煤炭开采和洗选业	0	0	0	0	0	0	0	0	0	0
石油和天然气开采业	0.001	0	0	0.128	6.658	0	0	0	0	0
黑色金属矿采选业	145.186	0	0	0	0	0	196.756	186.997	178.731	225.328
有色金属矿采选业	0.400	26.100	0	3.328	0	2.536	7.253	6.475	1.750	0.050
非金属矿采选业	0	0	0	0	0	0	0.430	0	0	…
开采专业及辅助性活动	0	0	0	0	0	0	0	0	0	0
其他采矿业	0	0	0	0	0	0	0	0	0	0
农副食品加工业	2.365	0.095	0.025	0.041	0.039	1.254	0.320	1.140	0.596	0.157
食品制造业	0.002	…	0.006	…	0	0.005	0.010	0.009	0.012	0.063
酒、饮料和精制茶制造业	0.307	0.255	0.256	0.166	0.005	0.017	0.095	0.073	0.132	0.198
烟草制品业	0	0	0	0	0	0	0	0	0	0
纺织业	0	0	0	0	0	0.006	0.043	0.009	0.008	0.015
纺织服装、服饰业	0	0	0	0	0	0	0.001	0	0	0
皮革、毛皮、羽毛及其制品和制鞋业	0	0	0	0	0	0	0	0	0	0
木材加工和木、竹、藤、棕、草制品业	0	0	0	0	0	0.001	0.093	0.005	0.023	0.015
家具制造业	0	0	0	0	0	0	0.001	0	0	0
造纸和纸制品业	28.335	32.144	31.123	27.432	0	20.951	19.204	16.530	14.927	0.056
印刷和记录媒介复制业	0	0	…	…	0.001	0	0.003	0.001	0.003	…
文教、工美、体育和娱乐用品制造业	0	0	0	0	0	…	…	…	0	0
石油、煤炭及其他燃料加工业	0	0	0.047	0.011	0.001	0.006	0	0.050	0.061	0.051
化学原料和化学制品制造业	…	0.070	0.125	2.176	3.094	0.103	0.016	0.045	0.088	0.347

行业类别名称	2011 年	2012 年	2013 年	2014 年	2015 年	2016 年	2017 年	2018 年	2019 年	2020 年
医药制造业	0.010	0.006	0.005	0.047	0.039	0.207	0.008	0.184	0.188	0.294
化学纤维制造业	0.024	0	0	0	0	0	0	0	0	0
橡胶和塑料制品业	0.003	0	0	0.007	0.007	0.011	0.015	0.025	0.025	0.017
非金属矿物制品业	0.003	0	1.150	0.004	0.004	0.248	0.346	0.720	0.277	0.399
黑色金属冶炼和压延加工业	0	0.018	0	0	0	0	0	0	0	0
有色金属冶炼和压延加工业	0	0	…	…	0	0	0.420	0	0	0
金属制品业	0	0.002	0.015	0	0	0	0.004	0.025	0.063	0
通用设备制造业	0	0	0	0	0	0	0	0	0	0
专用设备制造业	0	0	0	0	0	0	…	0	0	0
汽车制造业	0.002	0.015	0.015	0.019	0.011	0	0	0	0	0
铁路、船舶、航空航天和其他运输设备制造业	0	0	0	0	0	0	0	0	0	0
电气机械和器材制造业	0.020	0.043	0.030	0.744	0.360	0.064	0	0.146	0.003	0.030
计算机、通信和其他电子设备制造业	0	0.120	0	0	0	0	0	0	0	0
仪器仪表制造业	0	0	0	0	0	0	0	0	0	0
其他制造业	0	0	0	0	0	…	…	…	…	0
废弃资源综合利用业	0.034	0	0	0	4.033	0.014	0.007	0.002	0.019	0.023
金属制品、机械和设备修理业	0	0	0	0	0	0	0	0	0	0
电力、热力生产和供应业	4.000	0.040	12.253	0	26.851	14.421	2.202	0.206	3.173	0.002
燃气生产和供应业	0	0	0	0	0	0	0	0	0	0
水的生产和供应业	0	0	0	0	0	…	…	…	0.035	0.948

3.4 各工业行业危险废物产生及利用处置情况

各工业行业危险废物产生量

单位：t

行业类别名称	2011 年	2012 年	2013 年	2014 年	2015 年	2016 年	2017 年	2018 年	2019 年	2020 年
各工业行业危险废物产生量汇总	**7148.500**	**15317.030**	**23816.220**	**22166.160**	**40126.740**	**44015.492**	**41922.556**	**60642.646**	**49285.527**	**97697.010**
农、林、牧、渔专业及辅助性活动	0	0	0	0	0	0	0	0	0	1.780
煤炭开采和洗选业	0	0	0	0	0	0	0	0	0	0
石油和天然气开采业	0	120.160	151.000	198.190	387.910	270.139	307.290	444.513	256.855	1375.730
黑色金属矿采选业	0	0	0	0	0	0	23.480	12.460	59.370	111.340
有色金属矿采选业	127.600	13.140	10.250	15.550	10.150	8.683	8.270	11.963	9.722	864.070
非金属矿采选业	0	0	0	0	0	0	48.095	0	0	1.680
开采专业及辅助性活动	0	0	0	0	0	0	0	0	0	0
其他采矿业	0	0	0	0	0	0	0	0	0	0
农副食品加工业	5.080	25.020	56.060	8.700	0.800	2.819	553.575	24.020	18.531	95.970
食品制造业	1.000	0	0.910	0.810	0.810	15.030	19.194	48.710	59.575	53.930
酒、饮料和精制茶制造业	0.500	3.620	3.140	2.530	4.300	3.712	8.196	9.451	14.801	23.710
烟草制品业	0.260	0.400	0.500	0.250	0	1.300	1.600	1.840	1.670	4.700
纺织业	0	0	0	0	0	0	1.188	1.830	1.121	1.590
纺织服装、服饰业	0	0	0	0	0	0	0.800	0	0	0
皮革、毛皮、羽毛及其制品和制鞋业	0	0	0	0	0	0	0	0	0	0.500
木材加工和木、竹、藤、棕、草制品业	3.810	2.980	2.160	1.670	2.200	172.413	20.871	0	0	0.820
家具制造业	0	0	0	0	0	0	5.134	5.134	5.134	0
造纸和纸制品业	253.390	176.870	198.740	249.940	220.940	206.599	196.781	107.970	143.444	247.640
印刷和记录媒介复制业	0	0	0.750	0.550	4.300	115.473	109.986	142.267	157.485	69.930
文教、工美、体育和娱乐用品制造业	0	0	0	0	0	0	0.005	0	0	0

行业类别名称	2011 年	2012 年	2013 年	2014 年	2015 年	2016 年	2017 年	2018 年	2019 年	2020 年
石油、煤炭及其他燃料加工业	2728.250	1099.700	2773.500	2741.920	3196.600	21254.539	20244.515	42708.589	34709.560	45911.180
化学原料和化学制品制造业	225.100	880.290	539.250	394.220	1222.520	5326.920	5073.783	7339.526	1685.959	1914.060
医药制造业	329.910	78.960	61.350	86.620	162.230	910.177	866.925	1254.058	1879.432	1534.180
化学纤维制造业	361.650	12.500	6.100	0	0	0	0	0	0	0
橡胶和塑料制品业	0	0	0	0.850	0	22.029	20.983	19.503	231.211	218.350
非金属矿物制品业	5.560	3.000	9.500	8.000	8.050	464.461	442.389	602.141	748.019	167.780
黑色金属冶炼和压延加工业	2015.000	935.000	0	1161.000	678.800	0	0	0	0	0
有色金属冶炼和压延加工业	1.360	12.310	0.610	0.500	0	0	0	0	0	0
金属制品业	452.900	537.000	572.000	878.940	837.340	718.545	112.235	0.205	1.701	1.270
通用设备制造业	0	0	0	0.180	0	0.142	0.135	0	0	0
专用设备制造业	0	0	0	0	0	0	0.661	0	0	0
汽车制造业	5.000	147.500	142.300	4.450	361.950	335.728	188.109	131.657	48.138	84.860
铁路、船舶、航空航天和其他运输设备制造业	0	0	0	0	0	20.651	19.670	0	0	0
电气机械和器材制造业	318.000	18.580	6570.290	4966.000	8900.000	13318.838	12685.921	6481.897	8201.417	17.090
计算机、通信和其他电子设备制造业	314.130	1250.000	45.000	52.710	837.590	0	0	0	0	0
仪器仪表制造业	0	0	0	0	0	0	0	0	0	0
其他制造业	0	0	0	0	0	0	0	0	0	0
废弃资源综合利用业	0	0	0	0	772.410	11.213	10.680	0	0	19.550
金属制品、机械和设备修理业	0	0	0	0	0	2.318	2.208	0	0	0
电力、热力生产和供应业	0	10000.000	12672.810	11392.580	22517.840	830.668	892.219	1290.647	1048.918	44943.710
燃气生产和供应业	0	0	0	0	0	0	54.711	0	0	31.100
水的生产和供应业	0	0	0	0	0	3.095	2.948	4.264	3.466	0.490

各工业行业危险废物综合利用量

单位：t

行业类别名称	2011 年	2012 年	2013 年	2014 年	2015 年
各工业行业危险废物综合利用量汇总	**1246.840**	**951.400**	**9.500**	**1691.670**	**1199.010**
农、林、牧、渔专业及辅助性活动	0	0	0	0	0
煤炭开采和洗选业	0	0	0	0	0
石油和天然气开采业	0	0	0	0	0
黑色金属矿采选业	0	0	0	0	0
有色金属矿采选业	0.600	0	0	2.970	0
非金属矿采选业	0	0	0	0	0
开采专业及辅助性活动	0	0	0	0	0
其他采矿业	0	0	0	0	0
农副食品加工业	1.000	14.690	0	0.200	0.300
食品制造业	0	0	0	0	0.800
酒、饮料和精制茶制造业	0	0	0	0	1.000
烟草制品业	0	0	0	0	0
纺织业	0	0	0	0	0
纺织服装、服饰业	0	0	0	0	0
皮革、毛皮、羽毛及其制品和制鞋业	0	0	0	0	0
木材加工和木、竹、藤、棕、草制品业	0	0	0	0.500	1.000
家具制造业	0	0	0	0	0
造纸和纸制品业	0	0	0	0	0
印刷和记录媒介复制业	0	0	0	0	0.050
文教、工美、体育和娱乐用品制造业	0	0	0	0	0
石油、煤炭及其他燃料加工业	625.470	555.430	0	900.000	20.600
化学原料和化学制品制造业	0	305.700	0	40.000	170.620

行业类别名称	2011 年	2012 年	2013 年	2014 年	2015 年
医药制造业	0	6.140	0	0	44.000
化学纤维制造业	305.400	3.760	0	0	0
橡胶和塑料制品业	0	0	0	0	0
非金属矿物制品业	0.240	2.000	9.500	8.000	4.730
黑色金属冶炼和压延加工业	0	0	0	0	0
有色金属冶炼和压延加工业	0	0	0	0	0
金属制品业	0	0	0	0	0
通用设备制造业	0	0	0	0	0
专用设备制造业	0	0	0	0	0
汽车制造业	0	0	0	0	0
铁路、船舶、航空航天和其他运输设备制造业	0	0	0	0	0
电气机械和器材制造业	0	13.680	0	0	0
计算机、通信和其他电子设备制造业	314.130	50.000	0	40.000	0
仪器仪表制造业	0	0	0	0	0
其他制造业	0	0	0	0	0
废弃资源综合利用业	0	0	0	0	772.910
金属制品、机械和设备修理业	0	0	0	0	0
电力、热力生产和供应业	0	0	0	700.000	183.000
燃气生产和供应业	0	0	0	0	0
水的生产和供应业	0	0	0	0	0

注：①2011—2015 年各工业行业危险废物综合利用量与处置量统计方式为分别单独统计。

②2016—2020 年各工业行业危险废物利用处置量统计方式为各工业行业危险废物综合利用量与处置量合并统计。

各工业行业危险废物处置量

单位：t

行业类别名称	2011 年	2012 年	2013 年	2014 年	2015 年
各工业行业危险废物处置量汇总	**5177.340**	**15578.860**	**22441.100**	**20826.260**	**39571.440**
农、林、牧、渔专业及辅助性活动	0	0	0	0	0
煤炭开采和洗选业	0	0	0	0	0
石油和天然气开采业	0	120.160	151.000	198.190	387.910
黑色金属矿采选业	0	0	0	0	0
有色金属矿采选业	0	11.500	10.250	12.580	6.700
非金属矿采选业	0	0	0	0	0
开采专业及辅助性活动	0	0	0	0	0
其他采矿业	0	0	0	0	0
农副食品加工业	4.080	10.330	56.060	8.700	0.700
食品制造业	1.000	0	0.910	0.830	0.500
酒、饮料和精制茶制造业	0.500	3.620	3.140	2.530	3.300
烟草制品业	0.260	0.400	0	0	0
纺织业	0	0	0	0	0
纺织服装、服饰业	0	0	0	0	0
皮革、毛皮、羽毛及其制品和制鞋业	0	0	0	0	0
木材加工和木、竹、藤、棕、草制品业	3.810	2.980	2.160	1.830	3.500
家具制造业	0	0	0	0	0
造纸和纸制品业	17.320	228.660	62.390	170.690	70.080
印刷和记录媒介复制业	0	0	0.050	0.550	2.850
文教、工美、体育和娱乐用品制造业	0	0	0	0	0
石油、煤炭及其他燃料加工业	1748.860	1934.660	1583.000	2335.930	3874.000
化学原料和化学制品制造业	225.100	358.980	503.190	293.220	1042.970

行业类别名称	2011 年	2012 年	2013 年	2014 年	2015 年
医药制造业	329.260	72.770	60.740	86.620	117.430
化学纤维制造业	56.250	8.740	6.100	0	0
橡胶和塑料制品业	0	0	0	0.850	0
非金属矿物制品业	0	1.000	0	0	3.320
黑色金属冶炼和压延加工业	2015.000	935.000	0	1161.000	678.800
有色金属冶炼和压延加工业	0	0.660	0.610	0	0
金属制品业	452.900	537.000	571.100	879.820	837.340
通用设备制造业	0	0	0	0.180	0
专用设备制造业	0	0	0	0	0
汽车制造业	5.000	147.500	142.300	4.450	473.110
铁路、船舶、航空航天和其他运输设备制造业	0	0	0	0	0
电气机械和器材制造业	318.000	4.900	6570.290	4966.000	8900.000
计算机、通信和其他电子设备制造业	0	1200.000	45.000	9.710	834.590
仪器仪表制造业	0	0	0	0	0
其他制造业	0	0	0	0	0
废弃资源综合利用业	0	0	0	0	0
金属制品、机械和设备修理业	0	0	0	0	0
电力、热力生产和供应业	0	10000.000	12672.810	10692.580	22334.340
燃气生产和供应业	0	0	0	0	0
水的生产和供应业	0	0	0	0	0

注：①2011—2015 年各工业行业危险废物综合利用量与处置量统计方式为分别单独统计。

②2016—2020 年各工业行业危险废物利用处置量统计方式为各工业行业危险废物综合利用量与处置量合并统计。

各工业行业危险废物利用处置量

单位：t

行业类别名称	2016 年	2017 年	2018 年	2019 年	2020 年
各工业行业危险废物利用处置量汇总	**43606.721**	**41462.092**	**73096.205**	**58721.483**	**95779.410**
农、林、牧、渔专业及辅助性活动	0	0	0	0	1.500
煤炭开采和洗选业	0	0	0	0	0
石油和天然气开采业	268.870	307.290	341.891	208.307	1576.370
黑色金属矿采选业	0	23.480	0	59.311	111.340
有色金属矿采选业	8.683	8.270	11.962	1.770	864.090
非金属矿采选业	0	47.675	0	0	2.900
开采专业及辅助性活动	0	0	0	0	0
其他采矿业	0	0	0	0	0
农副食品加工业	2.814	550.776	17.300	14.668	26.190
食品制造业	14.422	18.983	48.208	58.938	4.000
酒、饮料和精制茶制造业	3.644	6.029	8.186	14.734	22.220
烟草制品业	1.300	1.600	1.838	1.668	4.700
纺织业	0	0	1.389	0.835	1.890
纺织服装、服饰业	0	0.800	0	0	0
皮革、毛皮、羽毛及其制品和制鞋业	0	0	0	0	0
木材加工和木、竹、藤、棕、草制品业	168.275	20.551	0	0	0
家具制造业	0	4.375	4.371	4.370	0
造纸和纸制品业	161.312	161.600	101.395	128.440	312.670
印刷和记录媒介复制业	82.182	98.770	127.312	135.600	73.590
文教、工美、体育和娱乐用品制造业	0	0	0	0	0
石油、煤炭及其他燃料加工业	21418.980	19792.980	55418.527	44775.067	48160.000
化学原料和化学制品制造业	5324.790	5070.954	7215.926	1562.837	1924.240

行业类别名称	2016 年	2017 年	2018 年	2019 年	2020 年
医药制造业	909.631	875.601	1273.531	1761.895	1629.670
化学纤维制造业	0	0	0	0	0
橡胶和塑料制品业	0.582	22.970	18.481	225.021	284.880
非金属矿物制品业	462.046	440.367	604.505	741.517	193.440
黑色金属冶炼和压延加工业	0	0	0	0	0
有色金属冶炼和压延加工业	0	0	0	0	0
金属制品业	618.308	96.520	0.107	1.230	1.270
通用设备制造业	0.105	0.100	0	0	0
专用设备制造业	0	0.645	0	0	0
汽车制造业	237.662	215.920	221.875	34.144	97.300
铁路、船舶、航空航天和其他运输设备制造业	20.127	19.170	0	0	0
电气机械和器材制造业	13060.452	12720.750	6503.432	8192.396	18.620
计算机、通信和其他电子设备制造业	0	0	0	0	0
仪器仪表制造业	0	0	0	0	0
其他制造业	0	0	0	0	0
废弃资源综合利用业	10.551	10.050	0	0	101.500
金属制品、机械和设备修理业	2.171	2.068	0	0	0
电力、热力生产和供应业	826.930	887.039	1172.475	795.647	40364.110
燃气生产和供应业	0	54.011	0	0	2.540
水的生产和供应业	2.885	2.748	3.971	3.088	0.380

注：①2011—2015 年各工业行业危险废物综合利用量与处置量统计方式为分别单独统计。

②2016—2020 年各工业行业危险废物利用处置量统计方式为各工业行业危险废物综合利用量与处置量合并统计。